博士生导师学术文库

A Library of Academics by
Ph.D.Supervisors

元素转移反应

俞磊 著

光明日报出版社

图书在版编目（CIP）数据

元素转移反应 / 俞磊著. --北京：光明日报出版社，2021.6

ISBN 978 - 7 - 5194 - 6008 - 2

Ⅰ.①元… Ⅱ.①俞… Ⅲ.①化学元素—化学转移—研究 Ⅳ.①O611

中国版本图书馆 CIP 数据核字（2021）第 077973 号

元素转移反应

YUANSU ZHUANYI FANYING

著　　者：俞　磊

责任编辑：刘兴华　　　　　　　　　责任校对：刘文文
封面设计：一站出版网　　　　　　　责任印制：曹　净

出版发行：光明日报出版社

地　　址：北京市西城区永安路 106 号，100050

电　　话：010 - 63169890（咨询），63131930（邮购）

传　　真：010 - 63131930

网　　址：http://book.gmw.cn

E - mail：liuxinghua@gmw.cn

法律顾问：北京德恒律师事务所龚柳方律师

印　　刷：三河市华东印刷有限公司

装　　订：三河市华东印刷有限公司

本书如有破损、缺页、装订错误，请与本社联系调换，电话：010 - 63131930

开　　本：170mm×240mm

字　　数：123 千字　　　　　　　　印　　张：11.5

版　　次：2021 年 6 月第 1 版　　　印　　次：2021 年 6 月第 1 次印刷

书　　号：ISBN 978 - 7 - 5194 - 6008 - 2

定　　价：85.00 元

序

世界是由元素组成的，而人类社会对于元素的需求是定向性的。因此，元素的转移就成为了化学转化里十分重要的一环：从"简单"向"复杂"转移、从"无序"向"有序"转移、从"无用"向"有用"转移、从"低附加值"向"高附加值"转移、从"废物"向"价值"转移……这一切的实现都需要对元素本身建立深入的研究、系统的探索、深刻的理解，绘制一张元素化学在这个碳基生命星球的全面图谱。

这本书总结的工作就在这一目标上迈进了一大步。俞磊教授，在扬州大学以其对学术与产业的双向热情和交互理解，努力挖掘元素化学在合成化学中独特的性质，系统而持久地开展了氟、氯、氧、氢、硒的元素转移研究，获得了不少独特的发现，在科学现象的报道中努力寻找产业的需求。这本书的总结值得大家关注，不仅仅在于它的元素转移规律，更在于为了解决问题而突破的均相与非均相催化的界限、氧化与还原的矛盾、氧化与卤化的选择，等。

　　元素化学值得科学再次审视，它们丰富的产业价值更加值得期待。周期表上那每一个框，可能都蕴藏着人类走向更加辉煌的时代的钥匙，打开这扇窗，神奇的规律背后是 118 个无限精彩的世界。

姜雪峰

2020 年 6 月 29 日于上海

目 录
CONTENTS

第一章　绪　论

　　化工生产是工业领域中重要的环节之一，承担着物质制造的任务，是发展国民经济的基础。最近 10 年以来，随着我国国民经济的飞速发展，对产业质量的要求越来越高，而传统的以牺牲环境、浪费资源为代价的化工发展路线，已经不适合新形势下产业发展的要求。跳出传统化工开发路线，发展绿色化工生产技术，是新时代化工产业升级的必经之路。其中，合成化学的发展对于化学工业尤其重要。合成化学工业如同点金术一般，将易得的、廉价的原料，转化为各种有用的、高附加值的产品，为国民经济的发展做出了不可磨灭的贡献。合成反应路线的设计，是合成工业技术开发的关键。高效、低能耗、低排放的合成反应路线，不但能够降低生产成本、提高企业利润，还能够提高生产过程的安全性，减少化工生产对环境的影响，是现代合成化学工业的核心课题。

　　在各类合成反应中，卤化反应与氧化还原反应最为重要。其中，卤化反应实现了分子的官能化，而常见的工业卤化反应主要包括氯化反应和氟化反应。氯取代基较活泼，容易被其他基团替换，因而氯化反应是引入各种活性基团，从而进一步合成高附加值化学品的关键的化工单元过程。氟化反应得益于氟的强吸电子性，则是合成各种独特的工业材料的重要基础。氧化还原反应的实质是电子的得失或共用电子对的偏移，而从工业合成视角，也可将之直观地理解为官能团的变换。通过上述化学反应，由廉价原料合成高附加值化学品、创造利润，是化工合成的最直接目的。

在设计上述工业合成反应实践路线时，需考虑到很多问题，如反应选择性、原料转化率、原料价格、产品利润、副产物及其处理、反应条件等。要考虑的因素千头万绪，就会影响到整体设计方案的确定，使开发思路不够清晰，容易在工作上走弯路。著者通过最近十余年的工业合成反应设计及工艺研发，逐渐形成了一种全新的设计思想，即从"元素转移"的角度，来看待一些重要的工业合成反应，如卤化反应、氧化还原反应等。其中，卤化反应可以视作氟、氯等卤族元素的转移，而氧化还原反应，则被视作氧元素与氢元素的转移。

从"元素转移"的角度来观察合成反应，则可将影响整个反应过程的参数简化成三个因素，简称"SDO"。其中"S"，是指"element source"，即要转移的元素的来源。例如，对于氟化反应，设计者就要考虑以什么原料作为氟元素的来源，而与之相关的经济性、安全性与环保性，则属于进一步的细化问题；又如，对于一些氧化反应，可以视作氧元素的转移，而寻找绿色、清洁、廉价的氧源，则是设计路线的首要步骤。"D"则是指"driving force"，即反应的驱动力。一般化工反应，其常见的驱动力无非热能、电能（如电解反应）、光能（如光催化反应）。除此之外，在反应中形成一些牢固的化学键所释放出的巨大反应能，或产物易分离可推动化学平衡（例如生成气体产物的情况），也能够驱动反应，而从这个角度去分析问题、设计合成反应，就容易突破传统观念（例如某些反应物活性低、溶解度低），设计出独特的合成反应路线。"O"则是"output"，即元素转移后，反应的生成物，包括产物与副产物。我们固然希望反应只有产物，但在大多数化工生产过程中，副产物不可避免。如果副产物能够被妥善地处理，如用于重新合成上游原料、作为商品可以直接销售或再次加工成产品等，总之，只要将物料"吃干榨净"，则副产物的产生还是被允许的，并不会带来太多的不良影响。

本书将从"元素转移"这一独特视角，对著者十八年来从事的科研工作进行一番总结，希望能够给从事相关工业合成反应研究的读者带来一些新思路。我们主要探讨涉及氟、氯、氧、氢以及金属等常见元素的转移反应，而硒元素转移，由于著者也从事了大量相关工作，并正逐步实现相关基础研究成果的产业化，我们也将一并进行讨论。

第二章　氟元素转移

一、含氟化合物的用途

氟是一种非金属化学元素，其元素符号为 F，原子序数为 9。氟是卤族元素之一，在元素周期表中位于第二周期，是最轻的卤素，也是已知元素中非金属性最强的元素。氟单质（F_2）是一种淡黄色的剧毒气体，其原子间相互推斥，结合能极其低下，有非常强的氧化性。反之，氟一旦与其他元素结合，就会成为耐热、难以被药品和溶剂侵蚀的稳定化合物。在化工生产中，氟的源头是萤石，而萤石的主要成分为氟化钙。中国作为萤石消费大国，已将氟广泛地应用到了材料、医药、航天航空等各个领域。含氟化合物与材料和我们的生活有着密切的关系，它们出色的性能在各方面都得到了充分的发挥。

氟树脂等高分子材料具有防粘、防水、防油、润滑、弯曲率低、电气性能好等优异性能。在我们的日常生活中，最常见的含氟高分子材料是聚四氟乙烯（PTFE），也叫作"不粘涂层"或"易清洁物料"。在该材料内部，碳原子和氟原子结合得特别紧密，所以其化学性质非常稳定，普通酸碱无法破坏。因此，即使是把 PTFE 浸渍到王水中也不会发生任何变化。此外，PTFE 的表面自由能小，因而有着高防水和透湿的性能。涂有聚四氟乙烯的不粘锅，不但可防油、盐、酱、醋，而且连煎炸食物都不会发生粘底现象。此外，聚四氟乙烯因其优良的综合性能（包括耐高温、耐腐蚀、不粘、自润滑、介电性能好、摩擦系数低等）已被广泛用于纺织、皮革、汽车部件、金属表面处理、冶金冶炼等多个领域，使之成为了不可替代的工业材料。国家游泳中心"水立方"同样也用到了含有 PTFE 的氟树脂（ETFE）薄膜，ETFE 树脂不仅有着出色的不燃性，而且还具有适度的透光性和机械强度。在生活中，我们虽然不能直接看到"氟"，但是氟却存在于这些材料中，时刻与我们接触，并发挥了与常用的碳氢化合物截然不同的功能。

在家用电器中，同样有含氟化合物与材料的身影。例如，含氟类液晶具有黏度低、电阻率高、响应速度较快、介电常数较高等优点，非常适合薄膜场效应晶体管驱动的液晶显示，被广泛应用于现代显示器中。由于氟原子具有电子效应、模拟效应、阻碍效应和渗透效应等特殊的性质，在液晶材料中引入氟原子会使其许多性质发生改变。氟的脂溶性使末端及侧链含氟的化合物对其他液晶成分的溶解性增大，适用于混合液晶配方，从而为调配高性能混合液晶提供了广阔的选择空间。曾经被用作家电制冷剂的氟利昂，也广为人知。氟利昂是碳原子上只有氟和氯的稳定化合物，以其稳定性带来的不燃性和低毒性的特征，氟利昂作为制冷剂、发泡隔热剂、空气溶胶（喷雾器罐的喷射剂）、各种各样的工业清洗剂被广泛使用。然而，氟利昂因其释放出的含氯（溴）自由基对臭氧层有着极强的破坏性，最近已被限制使用了。此外，含氟化合物还以涂层的方式被应用于电子设备的触摸屏。涂布了含氟涂层的触摸屏不但防水，还可防油，因此能够排拒皮脂，而涂层中的全氟聚醚成分，除了具有防水防油性以外还具有良好的滑动性，这使得智能设备在防指纹的同时，也更加便于操作。

含氟化合物与材料还被广泛应用于重工业、电子工业、信息工业以及能源领域。例如，氟树脂和氟橡胶被应用于制造汽车燃料管/软管和与燃料接触的密封材料，从而大幅度提高了其安全性。此外，电气零件、仪器也广泛使用具有出色耐热性和难燃性的氟树脂包覆电线，甚至连车内饰面零件，都广泛使用含氟的防水防油剂，从而提高了车内环境的舒适性。在以硅基板（晶片）为初始材料制造半导体器件的工序中，含氟制剂使用量也很大。例如，在晶片的清洗工序中，为了除去不需要的硅氧化膜而使用了高纯度稀氢氟酸；蚀刻绝缘膜使用的是缓冲氢氟酸，而在晶片光刻工序中，氟树脂作为光刻胶和表膜材料被广泛使用；此外，氟气也会作为蚀刻剂被用于更细微的高精度加工。在能源领域，含氟锂盐作为电解质及添加剂，被广泛应用于锂电池的制造。

在农药与医药开发中，利用氟原子半径小、电负性高以及含氟化合物的脂溶性等特性，可进行新药创制。氟的强电负性增加了它与碳的亲和作用，从而显著提高了含氟有机物的稳定性。氟原子或含氟基团（尤其是 CF_3 基团）被引入有机化合物后，不仅可因其电子效应和模拟效应改变分子内部的电子分布密度，还能提高化合物的脂溶性和渗透性。近年来，在农药或医药创制中，对含氟化合物的研发十分活跃。据统计，超高效农药中有 70% 为含氮杂环农药，而含氮杂环农药中又有 70% 为含氟化合物。常见的含氟农药有氟氯菊酯（杀虫剂）、苯氟磺胺（杀菌剂）、氟化苯草醚（除草剂）、芳氟胺（杀螨剂）以及氟节胺（植物生长调节剂）。上述含氟农药均具有用量少、毒性低、药效高、代谢能力强的优点。在医药开发方面，5 - 氟尿嘧啶是最早应用于临床的抗代谢类抗肿瘤药物，对各时期的肿瘤细胞均有抑制作用；氟喹诺类抗菌药是一类全合成的抗菌药物，具有广谱、高效等优点，被广泛应用于临床细菌感染性疾病的预防和治疗；而氟哌啶醇、氟西汀等，长期被用于治疗精神类疾病。随着含氟药物的不断市场化和氟化技术的日益成熟，氟在药物设计与开发中的地位也越来越重要，应用范围也将更广泛。

　　总之，氟化工产品因其独特而优异的性能，在化工、电子、医药、生物、机械、航天、军工等各个领域中的应用越来越广泛。含氟新材料作为高新技术产品，已成为发展新材料、新能源、电子信息、新医药等战略新兴产业和提升传统产业所需的配套原材料，是国家发展的重点产业。国家已经把含氟高新材料产品的开发列入当前重点激励发展产业、产品和技术目录中。大力发展我国氟化工产业，有非常重要的战略意义。

二、常见氟化方法

氟是元素周期表中电负性最强的元素，而氟单质有着极强的氧化性。因此，与其他卤素不同，以氟单质作为氟化试剂来实现氟化，反应极其剧烈，难以控制，因而很少被应用于工业制备中。氢氟酸是常见的含氟化合物，与氟单质相比，反应性较为温和。因此，在很多工业合成反应中，都使用氢氟酸为氟化试剂来合成含氟化合物。例如，应用于锂电池电解液材料六氟磷酸锂的经典制备方法就使用氢氟酸作为氟化试剂[1]。该方法的基本原理如图式2-1所示：首先使用五氯化磷与氢氟酸反应，产生五氟化磷和氯化氢。五氟化磷与氟化锂加成，可以合成六氟磷酸锂。该方法工艺路线简洁，但局限性在于使用了高毒、高腐蚀性、对环境危害较大的氢氟酸。酸性反应条件在生产过程中会腐蚀设备，并将金属杂质带入产品。此外，副产物盐酸产能过剩，售价不高，也较难处理。

$$PCl_5 + HF \longrightarrow PF_5 + HCl$$

$$PF_5 + LiF \longrightarrow LiPF_6$$

图式 2-1　六氟磷酸锂的经典合成方法

氢氟酸作为氟化试剂，还可以应用于有机合成中。例如，使用3当量氢氟酸溶液（47%浓度），在5当量氟硅酸铵与1当量氟化铯助剂存在下，环氧苯乙烯 **2-1** 可在二氯乙烷（DCE）溶剂中发生氟化开环反应，以67%的产率生成 α-氟代醇 **2-2**（图式2-2）[24]。得益于氟较小的原子半径，以及芳环对碳正离子的稳定性，该反应可以高选择性地产生苄氟化合物 **2－2**。除了环氧苯乙烯外，其他烷基、硅基取代的环氧化合物，也可以发生类似反应。

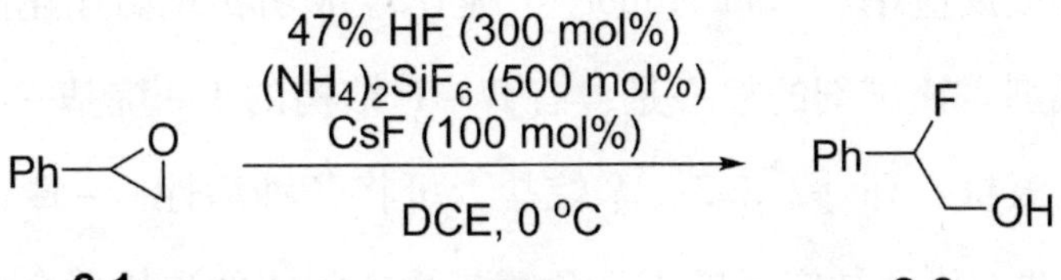

图式 2－2　环氧化合物的开环氟化反应

　　在实验室制备中，使用稳定的氢氟酸盐作为氟化试剂，是更为安全的实验方案。最近，易文斌等人报道了以氢氟酸三乙胺盐为氟化试剂的 β,γ－不饱和羧酸脱羧氟化反应[2]。该反应需要使用二醋酸碘苯为氧化剂，并在二氯甲烷溶剂中封管进行。在反应中，二醋酸碘苯的醋酸根首先被氟取代，生成高活性的二氟碘苯。二氟碘苯通过与 β,γ－不饱和羧酸 **2－3** 的缩合，生成羧酸碘酯中间体，再经过进一步的分子内氟迁移反应生成烯丙基氟化合物 **2－4**（图式 2－3）。

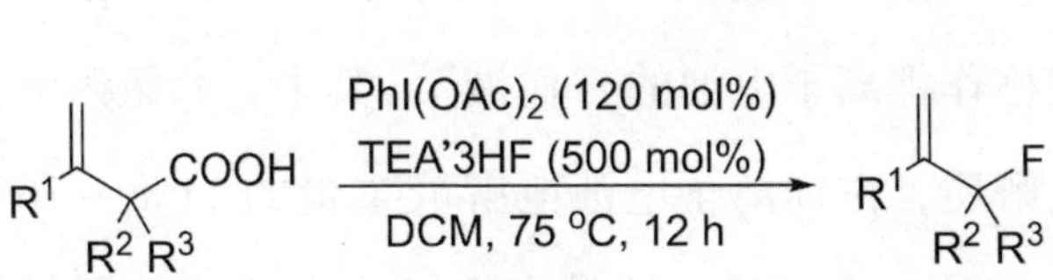

图式 2－3　以氢氟酸三乙胺盐为氟化试剂的脱羧氟化反应

　　有机反应的副产物较多，而对于复杂有机化合物，对其中多个活性相近的位点进行选择性反应，一直是有机合成化学研究的具有挑战性的课题，而对于氟化反应，亦是如此。为了实现选择性氟化，人们长期以来一直在研究高选择性的氟化试剂，并将之应用于选择性有机合成反应中。"Selectfluor©"是已经成功实现商业化的一种选择性氟试剂。该试剂的核心是含有 $N-F$ 结构的 1 - 烷基 - 4 - 氟 - 1，4 - 二氮桥二环 [2.2.2] 辛烷盐，可将各种活性 C - H 键化，形成 C - F 键，从而被广泛应用于含氟药物中间体的选择性合成中[25]。

如上所述，常见的氟化试剂主要包括氢氟酸及其盐和选择性有机氟化试剂。其中，氢氟酸价格便宜，适用于大宗化工产品的合成；氢氟酸盐稳定性、安全性较好，适用于实验室制备；选择性有机氟化试剂，因其价格昂贵，则适用于对反应选择性要求较高，但利润充足的药物合成与天然产物全合成领域。

三、以氟化钙为氟源的氟化方法

含氟锂盐材料，是锂离子电池电解液的主要成分，而电解液则是锂离子电池四大主要材料之一，在锂离子电池中起到传导锂离子的作用，被称作锂离子电池的"血液"。其中，六氟磷酸锂是目前主要的商用电解质，占锂离子电池电解液重量的11% ~ 16%，占其成本的40% ~ 60%。六氟磷酸锂是生产行业中关键的原材料之一，其价格直接决定了锂电池的制造成本。

如前文所述，目前国内外六氟磷酸锂的主要产业化生产工艺是氢氟酸溶剂法，代表有多氟多、天津金牛、森田化工等。该工艺的

10

优点在于反应过程为气液均相反应，反应速率快，转化率高。但是该工艺使用了腐蚀性介质氢氟酸（素有"化骨水"之称），其缺点也非常突出，比如：（1）对设备材质、防腐措施以及生产的安全措施要求很高；（2）产品中易残留配合物 $LiPF_6 \cdot HF$，酸度难以保证；（3）每生产1吨六氟磷酸锂排放的氯化氢和氟化氢混合气体，需用6吨左右的水来吸收，成为含氟废酸，处理困难，对环境不友好；（4）该工艺所用无水氢氟酸需低温保存，反应过程必须在低温条件下进行，反应条件苛刻，资金投入和能耗都相对较大，成本偏高。

天祝宏氟锂业科技发展有限公司坐落于甘肃省武威市天祝藏族自治县，该地海拔 2500~3000 米，有马牙雪山国家自然保护区，风景优美（图 2-1）。该公司前身原先经营当地萤石矿，但由于地处边陲，运输成本较高，利润有限。因此，2015 年，公司决定进行产业升级，将萤石矿转化为高附加值产品后再出售。

图 2-1　马牙雪山

含氟锂盐的巨大利润和良好的行业发展前景吸引了著者团队。以六氟磷酸锂合成为切入口，研发团队开始进行工艺路线设计。毗邻国家自然保护区，当地对环境保护要求极高。因此，使用传统氢氟酸工艺合成六氟磷酸锂，不符合企业所在地情况，必须另辟蹊径，开发新合成路线。企业自产萤石矿粉经过自动化浮选后，其主要成分为氟化钙，纯度可达97%。与大多数钙化合物相同，氟化钙是稳定的化合物，难溶于大多数溶剂，因而被认为是惰性的，难以用来直接反应。然而，最近几十年的基础研究表明，钙化合物在一定条件下，也具有独特的反应活性，可以用作许多反应的催化剂或试剂，合成各种独特的无机或有机分子[26]。从元素转移角度考虑，由氟化钙合成六氟磷酸锂产品的过程，本质上就是氟元素的转移过程。只要找到适合的条件，巧妙设计工艺路线，就能够驱动这一过程发生。

在六氟磷酸锂的合成过程中，五氟化磷的产生是关键一步。该化合物是高活性气体，在化工生产中，可以方便地分离，并导入到下一工段反应釜中发生反应。因此，从这一角度分析，使用高反应活性的五氯化磷与氟化钙直接反应，通过不断导出产生的五氟化磷气体，有可能促使反应平衡的移动，驱动反应不断进行（图式2 - 4）。

基于上述思路，研发团队展开了一系列的条件摸索和设备研制，终于成功实现了以萤石矿粉为直接氟源的非氢氟酸法六氟磷酸锂合成。在这一工艺中，氟化钙与五氯化磷首先在350℃，0.8～1.0 MPa，氮气保护下反应，产生的五氟化磷气体再被导入氟化锂的丁

$$PCl_5 + CaF_2 \longrightarrow PF_5 \uparrow + CaCl_2$$

$$PF_5 + LiF \longrightarrow LiPF_6$$

图式 2 – 4 非氢氟酸法六氟磷酸锂合成路线

腈悬浮液中反应，合成六氟磷酸锂。反应副产物氯化钙可通过水溶重结晶的方法加以提纯，并作为融雪剂出售，既避免固体废物（以下简称"固废"）堆积又增加了收入。目前已成功建成基于该工艺的年产 1000 吨的非氢氟酸法六氟磷酸锂生产线（图 2 – 2）[27]。如表 2 – 1 所示，质量检测结果表明，利用非氢氟酸新方法生产的六氟磷酸锂产品，其纯度可达 99.9%，而水分、氢氟酸残留等都可得到很好的控制，符合相关国家标准和行业标准（以下简称"国标""行标"）。尽管生产工艺使用氟化钙为原料，但产品中钙残留并不高，仅有 0.2 ppm。这是由于合成工艺的第一步就将所产生的五氟化磷气体导出使用，从而使得钙残渣留在该工段反应釜中，而不会带入产品中。值得一提的是，非氢氟酸生产工艺显著降低了反应体系的酸性，减轻了设备腐蚀，从而可以减少产品中的过渡金属杂质含量，使得其质量明显优于传统工艺生产的同类产品。

图 2-2 非氢氟酸法六氟磷酸锂生产线

表 2-1 六氟磷酸锂产品质量分析[a]

编号	项目	单位	标准值	样品值
1	纯度	%	≥99.9	99.9
2	水分	ppm	≤20.0	12.0
3	氢氟酸残留	ppm	≤90.0	43.2
4	不溶物	ppm	≤200.0	98.3
5	硫酸盐	ppm	≤5.0	2.1
6	盐酸盐	ppm	≤2.0	1.5
7	钠	ppm	≤2.0	0.6
8	钾	ppm	≤1.0	0.1
9	钙	ppm	≤2.0	0.2
10	铁	ppm	≤1.0	0.5
11	铅	ppm	≤1.0	未检测到
12	铜	ppm	≤1.0	0.1
13	镁	ppm	≤1.0	0.3
14	铬	ppm	≤1.0	0.5
15	镍	ppm	≤1.0	0.2
16	镉	ppm	≤1.0	未检测到
17	锌	ppm	≤1.0	未检测到

[a]根据国标 GB_ T 19282-2014 和行标 HGT 4066-2015 规定检测。

　　总之，通过分析氟元素的来源及比较相关原料与中间体的物化性质，笔者团队提出了以氟化钙为氟源，直接合成六氟磷酸锂的非氢氟酸法六氟磷酸锂合成路线，并以之为基础成功开发出相关工艺，建成生产线成功产出高品质六氟磷酸锂产品。此外，通过"氟－氧转移"技术，将六氟磷酸锂中的部分氟替代为氧，可以进一步合成附加值更高的二氟磷酸锂产品。该产品目前已开始销售，从而成功实现了矿产资源的全生命周期管理，将价格仅为 200 元/吨的萤石矿粉转化为价格高达 70 万元/吨的二氟磷酸锂产品，使得企业迅速发展，其已成为全球主要的二氟磷酸锂供货商，同时也拉动了当地经济发展。该应用实例表明，从"元素转移"角度分析问题，设计化工合成路线，有利于打破传统观念，另辟蹊径地开发出原创性技术，从而获得压倒性的技术优势。

第三章　氯元素转移

一、含氯化合物的用途

　　氯是地球上常见的元素之一，也是化学工业中的重要元素。氯化钠是氯元素最主要的来源，广泛存在于海洋、盐湖、盐井中。作为最基本的调味剂，氯化钠自古以来就是不可或缺的生活用品，也是维持人体电解质平衡的重要营养成分。除了应用于食品工业，氯化钠也是化工行业基本的生产原料之一。基于氯化钠发展起来的盐化工产品包括氯酸钠、纯碱、氯化铵、烧碱、盐酸、氯气、氢气、金属钠等，它们都是重要的化工原料。氯气与水反应可生成具有强氧化性的次氯酸，被用于消毒水源，但缺点在于会与水中的有机物反应生成有机氯致癌物，而使用二氧化氯则不会产生对人体有害的物质，且投资少、产率高，目前已被广泛应用。此外，二氧化氯还可以用于纺织物漂白、食品加工、水塔冷却等各方面。含氯化合物可以用于制作消毒液，例如"84"消毒液、健之素、漂白粉、次氯酸钠等，属于低毒消毒剂，有高效、漂白的消毒效果。

在有机化工中，氯化反应可为有机分子引入活泼的氯官能团，是一个官能化的过程，为发生进一步反应，合成更加复杂的有机化合物奠定了基础。氯官能团活性较高，可以发生消除反应、取代反应等，而这些反应往往伴随着氯的掉落。因此氯可被视为有机化工中的一个"过客"。氯代烃可以用作烷基化试剂，往分子中引入烷基。例如，氯甲烷就是最便宜的工业用甲基化试剂，用于亲核官能团的甲基化保护。氯具有一定的电负性，因而 C – Cl 键有一定的极性，从而使得这些化合物更易于溶解有机物。工业生产中一些常用的溶剂就是这些含氯化合物，例如，二氯甲烷、三氯甲烷（氯仿）、四氯化碳、二氯乙烷等。其中，氯仿可以溶解大多数有机化合物，因而其氘代化合物（氘氯仿），被用作核磁共振测试中最常见的氘代溶剂。四氯化碳除了可作溶剂外，还难以燃烧，可用作灭火剂。然而，作为亲电试剂，有机氯化合物具有一定的致癌性，并对环境有害。因此，人们逐渐开发出一些无氯化合物来替代传统氯化物产品。

在医疗领域，很多药品就是含氯化合物，例如：氯化钠水溶液，则是最常见的医用含氯化合物，用于静脉注射；对氯间二甲苯酚，可作为普通药用杀菌剂使用，也可用于制作洗手液达到杀菌作用，在工业上还可以用于设备杀菌消毒等；双氯芬酸钠主要用于治疗急慢性风湿性关节炎、急慢性强直性脊椎炎以及骨关节炎；氯沙坦钾片，用于治疗高血压等疾病，是全球第一类治疗高血压类疾病的药品；氟氯西林，临床上主要用于治疗葡萄球菌所致的各种周围感染；氯丙嗪可以用于治疗精神病，也可以用于镇吐和低温麻醉等；氯雷他定片用于缓解与过敏性鼻炎有关的症状，如喷嚏、流涕、鼻痒、鼻塞以及眼部痒及烧灼感，亦适用于缓解慢性荨麻疹、瘙痒性皮肤病以及其他过敏性皮肤病的症状及体征。

在农药合成中，含氯化合物是重要的合成中间体，例如，邻二氯苯是合成邻苯二酚、氟氯苯胺、3，4－二氯苯胺和邻苯二胺的原料；2－甲基－5－氯吡啶则是农药吡虫啉和啶虫脒的合成中间体；2，3－二氯吡啶则是合成氯虫苯甲酰胺的关键中间体等。有机氯化物也可直接用作农药，主要用于防治植物虫害，如使用最早、应用最广的杀虫剂双对氯苯基三氯乙烷（DDT）和六氯环己烷（HCH），以及杀螨剂三氯杀螨砜，三氯杀螨醇等。氯丹也是一种残留性杀虫剂，有长残留期，在杀虫浓度下对植物无药害，可杀灭地下害虫。二甲四氯为苯氧乙酸类选择性内吸传导激素型除草剂，可以破坏双子叶植物的输导组织，使其生长发育受到干扰，茎叶扭曲，茎基部膨大变粗或者开裂，以达到除草的作用。此外，氯还是一种比较特殊的矿质营养元素，并且也是植物必需的微量元素之一。

氯化合物在高分子化工领域也有着重要的用途。例如氯乙烯是制备聚氯乙烯（即PVC）的重要单体。聚氯乙烯曾经是世界上产量最大的通用塑料，被广泛应用于建筑材料、工业制品、日用品、地板革、地板砖、人造革、管材、电线电缆、包装膜、瓶、发泡材料、密封材料、纤维等方面。2017年10月27日，世界卫生组织国际癌症研究机构公布的致癌物清单将聚氯乙烯归于三类致癌物。因此，开发相关替代品，也是材料行业的一个发展趋势。

二、常见氯化方法

氯氧化性比氟弱，因而更加温和，可以直接用于氯化反应中。工业上氯可由氯碱法制备。通过电解饱和氯化钠溶液，可产生氢氧化钠、氢气，同时生成氯气。氯气价格便宜，因此，可用作氯化试剂，来大量生产各种含氯化工中间体。例如，甲烷氯化可制备氯甲烷、二氯甲烷、氯仿以及四氯化碳；甲苯氯化可制备苄氯；丙烯氯化可制备烯丙基氯。上述反应都是通过自由基机理发生。芳环也可被氯化，例如，苯氯化可制备氯苯，而该反应需要在路易斯酸如氯化铁的催化下发生；各种杂环也可发生氯化反应，从而合成含氯杂环化合物。芳环的氯化通过亲电取代反应进行。不饱和键可与氯发生加成反应，从而合成各种氯化物，例如，利用乙烯与氯加成，可以合成1，2-二氯甲烷，是一种优良的工业溶剂；乙炔与氯的加成反应，可以合成1，2-二氯乙烯，可用作工业萃取剂、冷冻剂，也可用作溶剂。

使用氯气为氯源的氯化反应虽然成本低廉，但通常存在两个技术问题，从而影响了相关反应的原子经济性：其一，由于氯的强氧化性以及反应中生成氯负离子的亲核性，氯化反应的选择性较难控制，容易生成不需要的副产物，因而控制反应的区域选择性与化学选择性，是开发相关高效合成工艺的关键；其二，很多以氯气为氯源的氯化反应，往往伴随着氯化氢副产物的产生，而氯化氢溶于水后就是盐酸，对设备有较强的腐蚀性，并且价格便宜，市场过剩，较难处理。

氯化亚砜，又称亚硫酰氯，化学式为 $SOCl_2$。采用氯化亚砜作为工业生产中的氯化试剂，副产物均为易于吸收治理的气相物，可回收再利用，也可节约成本，应用前景相当广阔。在有机反应中，氯化亚砜常被用于羟基和巯基的氯化、酸酐、羧酸与磺酸的酰氯化、有机磺酸或硝基化合物的氯代等。例如，在高分子材料和农药合成中被广泛使用的化工原料对苯二甲酰氯的制备，就使用了氯化亚砜作为主要的氯化试剂[3]。该方法的基本原理如图式 3 – 1 所示：对苯二甲酸和氯化亚砜在催化剂苄基三乙基氯化铵（TEBAC）的催化下，经加热回流，冷却干燥后可以以 95% 的产率得到粗品，经减压蒸馏对苯二甲酰氯的总产率可达到 91 % 以上，纯度 99.9 %。该工艺路线大大降低了生产成本，同时也减少了废弃物排放，适合工业化生产。

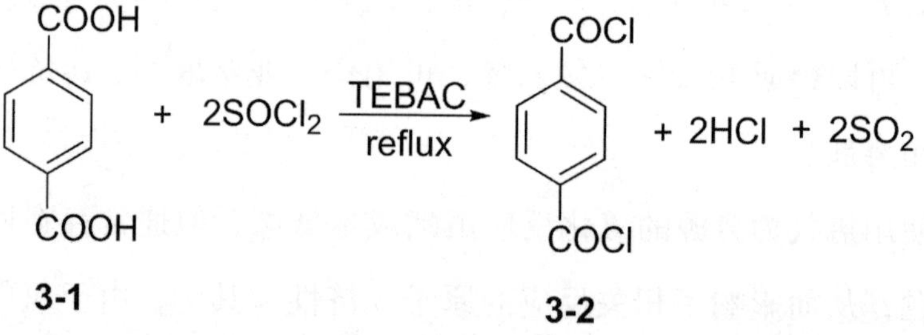

图式 3 –1 对苯二甲酰氯的合成

与氯化亚砜的结构相似，硫酰氯也是工业中常见的氯化剂。硫酰氯是硫酸的两个 – OH 基团被氯替代后形成的化合物，分子式为 SO_2Cl_2。作为氯化试剂，硫酰氯可以将烷烃、烯烃、炔烃及芳香化合物的 C–H 键转化为 C–Cl 键，也可以将醇转化为氯代烃。这些氯化反应由偶氮二异丁腈（AIBN）引发，属于自由基机理，也就是氯磺化反应。在很早以前，硫酰氯就被用于药物合成中的氯化。例如，1985 年报道的文献中，药物中间体 2，4–二羟基–6–甲基苯甲醛的氯化就使用到了硫酰氯[28]，其氯化方程式如图式 3–2 所示。

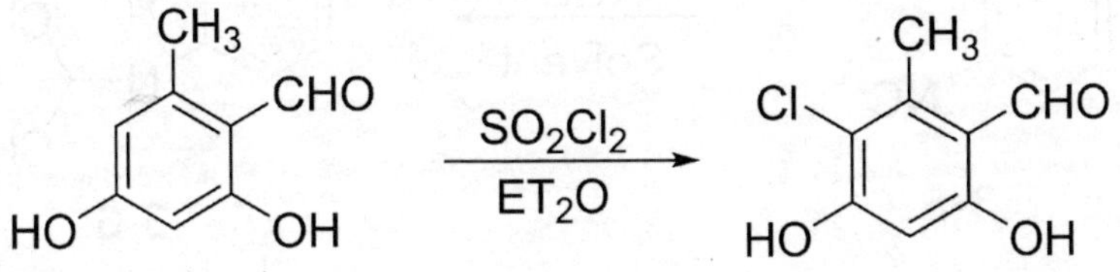

图式 3–2 2，4–二羟基–6–甲基苯甲醛的氯化

硫酰氯可在活性炭、氯化铁等催化剂的存在下由二氧化硫与氯气反应制得，也可由氯磺酸加热制得。选用硫酰氯作为氯化试剂，具有便宜易得、条件温和、副产物少、纯度高、收率较高等优点，近年来还被用于合成氯化橡胶[4]，从而取代以氯气为氯化剂，四氯化碳为溶剂的氯化方式。

N–氯代丁二酰亚胺（NCS）是由丁二酸经氨化得到丁二酰亚胺，再在乙酸水溶液中用次氯酸钠在低温下发生氯化，并经离心、洗涤、干燥所制备而成。以 NCS 作氯化剂，能将芳醛氯化而使芳环不受影响，并且在苯胺、N–烷基苯胺的氯代（邻位为主）、α–氨基吡啶氯代、α–苯硫基酰胺脱氢氯代和降解氯化以及环戊二烯单氯化反应中，都比用氯气或次氯酸叔丁酯的产率更高。例如，以 NCS 为氯源去氯化 2–苯基苯异腈，可以 85% 的产率获得双氯化产物[5]。

反应如图式 3 –3 所示。该反应过程属于自由基反应过程：NCS 在反应体系内产生氯自由基，然后氯自由基与异腈偶联产生自由基中间体，自由基中间体进一步与氯自由基作用得到双氯化产物。

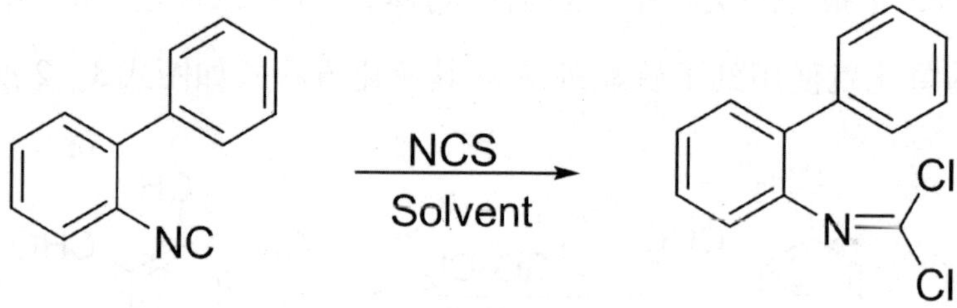

图式 3 –3　2 –苯基苯异腈的氯化

　　由于氯化剂自身的毒性，决定了它们在生产、储存和运输中会受到严格限制。因此，近年来不断有绿色氯化技术被开发出来，如盐酸 –过氧化氢氯化法和双（三氯甲基）碳酸酯氯化法[6]。前者利用过氧化氢将盐酸氧化成次氯酸，次氯酸再分解产生氯正离子，对芳环进行亲电取代，反应过程如图式 3 –4 所示。

　　双（三氯甲基）碳酸酯作为氯化剂合成羧酰氯、磺酰氯和氯代亚胺等中间体时，副产物是氯化氢和二氧化碳，二者不溶于反应体系而汽化逸出，氯化氢经水吸收可制得高纯度盐酸，而二氧化碳难溶于盐酸，可直接放空。因此，双（三氯甲基）碳酸酯可以替代氯化亚砜、三氯氧磷和光气等氯化剂，用于各种化工中间体绿色合成方法的研发。

　　如上所述，氯化反应作为重要的化工单元反应，在各种领域发挥着无可代替的作用。氯化试剂也不仅限于氯气、氯化亚砜等传统

$$HCl + H_2O_2 \longrightarrow HClO + H_2O$$

$$HClO + H^+ \longrightarrow Cl^+ + H_2O$$

$$ArH + Cl^+ \longrightarrow ArCl + H^+$$

- -

$$ArH + HCl + H_2O_2 \longrightarrow ArCl + 2H_2O$$

图式 3−4　盐酸−过氧化氢氯化技术原理

氯源，更加绿色、高效的氯化方式在不断地被开发出来。随着工业流程的优化和对环境保护问题的重视，人们还会不断地对氯化技术进行改善，而氯化反应也会更好地发展下去。

三、选择性氯化

在精细化工生产中，氯气因其价格低廉并容易获得，是最常见的氯化剂。然而，氯气较活泼，并且有较强氧化性，从而使得反应容易生成大量副产物。因此，在工业氯化反应中，选择性控制是一个重要的技术。通常，可通过控制氯气流速、调节反应温度，以及使用引发剂等方法，来控制氯化反应的选择性。最近，这一技术在 1，4−双（二氯甲基）−2，5−二氯苯的合成工艺设计中，起到关键性作用。该化合物的合成，是选择性氯化的一个典型案例。

1，4−二氯−2，5−双（二氯甲基）苯（1，4−dichloro−2，5−bis（dichloromethyl）benzene 简称六氯，即化合物 **3−8**）的 CAS

号为 41999 - 84 - 2，熔点为 72.5 ~ 74℃，沸点为 313 ~ 316℃，是一种用于合成染料和除草剂的关键中间体[29]。关于六氯的合成工艺研究得较少，主要是以 2，5 - 二氯对二甲苯（2，5 - dichloro - p - xylene，简称 2，5 - 二氯，即化合物 **3 -7**）为原料，氯气（简称 Cl_2）为氯化剂，在引发剂引发下进行甲基自由基取代制备六氯，其中 2，5 - 二氯的熔点为 69 ~ 70℃，沸点为 221 ~ 223℃，具体反应方程式见图 3 -5。

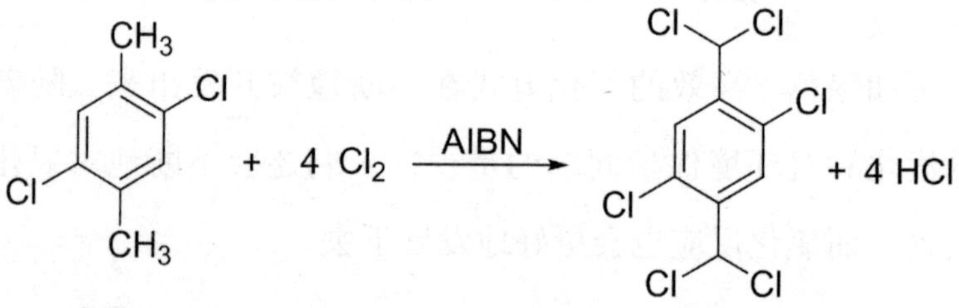

图式 3 -5　2，5 -二氯对二甲苯氯化制备六氯反应方程式

　　该工艺路线的关键反应是在甲基上发生自由基引发的氯取代反应，这一类的反应研究较多[7]。1853 年，Cannizzaro 首次研究了氯气对甲苯甲基的热氯化。60 年后，BASF 公布了一项专利，该专利描述了在辐射的条件下甲苯磺酰氨基脲与 PCl_5、Cl_2 进行氯化的反应。这类氯化合物的重要性和普遍性促使科学家们不断开发各种脂肪族 C - H 键氯化方法，包括使用 Cl_2、SO_2Cl_2、NaOCl、t - BuOCl、Et_4NCl、苄基三甲基氨、四氯碘酸铌、1，3 - 二氯 -5，5 - 二甲基海因、三氯异氰尿酸（TCCA）、和 NaCl/HCl 等氯化。这些自由基型氯化反应通常需要加热或辐射，一些氯化剂具有爆炸性、毒性和高

度腐蚀性。此外，以 2，5 - 二氯 **3 - 7** 为原料，通过选择性氯化合成
六氯 **3 - 8** 的技术，之前无已知文献报道。

2，5 - 二氯 **3 - 7** 的氯化反应，除生成六氯 **3 - 8** 外，还可能生
成各种副产物 **3 - 9 ~ 3 - 16**。量化计算结果表明，选择性氯化合成六
氯 **3 - 8**，在反应能方面，并不占优势（图式 3 - 6）。因此，需要采
取动力学控制技术，通过调节反应条件，来实现六氯 **3 - 8** 的选择性
合成。

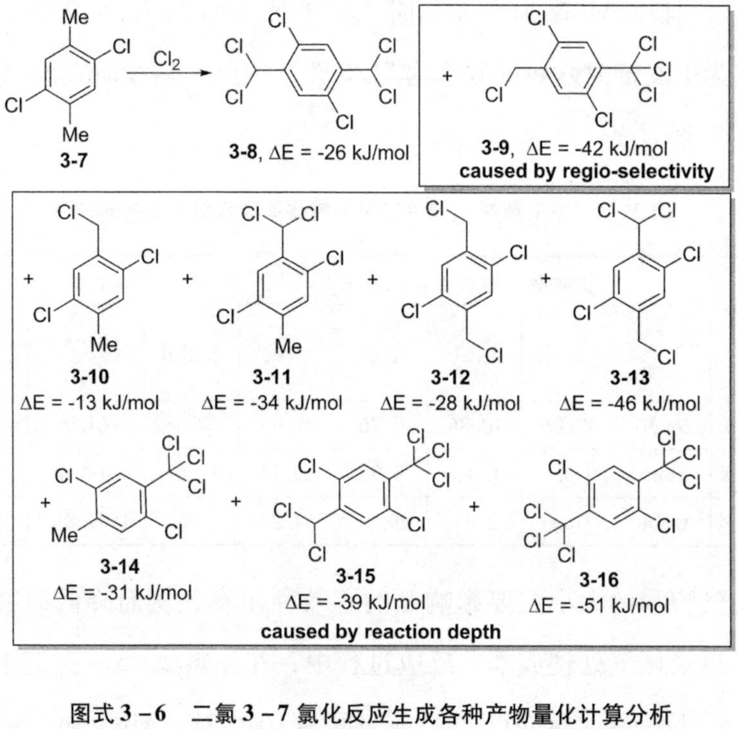

图式 3 - 6　二氯 3 - 7 氯化反应生成各种产物量化计算分析

甲基氯化反应是一种自由基反应，加入一定量的自由基作为引
发剂，可以有效促进该反应的发生。我们采用几种常见的引发剂，
如过氧化二苯甲酰（简称 BPO）、偶氮二异丁腈（简称 AIBN）和偶

氮二异庚腈（简称 ABVN），作为该反应的引发剂。反应过程中，原料 2，5 - 二氯用量为 135.7 g，Cl_2 流量 15 升/小时，反应温度为 70℃，反应时间为 16 小时，引发剂加入量为 2，5 - 二氯重量的 0.2 %/小时。我们考察了不同引发剂对 2，5 - 二氯的转化率和六氯收率的影响，具体数据见表 3 - 1。以 BPO 为引发剂时，2，5 - 二氯的转化率只有 67.9 %，且六氯的制备收率仅为 0.1 %；当使用 AIBN 或 ABVN 为引发剂时，2，5 - 二氯的转化率几乎相当，均大于 99.8 %，且以 AIBN 为引发剂时六氯的收率较高为 79.0 %；而以 ABVN 为引发剂时六氯的收率为 51.6 %。因此，后续研究均以 AIBN 作为引发剂。

表 3 - 1　引发剂对 2，5 - 二氯的转化率和六氯收率的影响

序号	引发剂	反应液气谱校正归一含量（wt%）						2，5 - 二氯转化率（%）	六氯收率（%）
		2，5 - 二氯	三氯	四氯	五氯	六氯	重组分		
1	BPO	26.36	47.86	10.86	0.76	0.16	Trace	67.9	0.1
2	AIBN	Trace	Trace	0.16	9.95	69.13	11.07	100.0	79.0
3	ABVN	0.14	Trace	2.44	29.94	53.24	5.22	99.8	51.6

氯气流量的大小主要影响氯的有效利用率，从而降低原料使用成本，以及尾气处理成本。反应过程中，在原料 2，5 - 二氯用量为 135.7 g，反应温度为 70℃，反应时间为 16 小时，AIBN 加入量为 2，5 - 二氯重量的 0.2 %/小时的条件下，我们考察了氯气流量 10、15 和 20 升/小时对 2，5 - 二氯的转化率、六氯收率以及氯气的有效利用率的影响，具体数据见表 3 - 2。氯气流量为 10～20 升/小时，2，

5－二氯的转化率均大于 99.8 ％，随着流量提高，六氯的收率由 45.0% 逐渐提高至 80.9%，而氯气的有效利用率则由 89.7 ％ 逐渐降低至 80.1％。氯气流量为 10 升/小时，六氯的收率为 45.0 ％，四氯和五氯气谱校正归一含量分别为 6.18 ％ 和 39.43%，氯气的有效利用率达 89.7 ％，说明在较低氯气流量时，氯气可被充分利用，但完全氯化转化成六氯速度较慢。提高氯气流量为 15、20 升/小时，六氯的制备收率分别为 79.0 ％ 和 80.9 ％；但是对比序号 2 和 3 中的五氯、六氯和重组分的含量，可以发现六氯的含量几乎未变，相当于是五氯转变为了重组分。这一现象表明，五氯转化成六氯的速度与六氯转化成重组分的速度几乎一致。同时，氯气流量为 20 升/小时，其有效利用率仅为 80.1 ％，因此，在该反应中，调节氯气流量为 15 升/小时较为合适。

表 3－2　氯气流量对 2，5－二氯的转化率、六氯收率以及

Cl_2 的有效利用率的影响

序号	流量 (L/h)	反应液气谱校正归一含量（wt%）						2，5－二氯转化率（％）	六氯收率（％）	Cl_2 的有效利用率（％）
		2，5－二氯	三氯	四氯	五氯	六氯	重组分			
1	10	0.1	0	6.18	39.43	47.69	6.6	99.8	45.0	89.7
2	15	0	0	0.16	9.95	79.13	10.76	100.0	79.0	88.0
3	20	0	0	0.15	1.99	79.66	18.2	100.0	80.9	80.1

引发剂主要起到引发产生自由基的作用，它的用量直接影响 Cl_2 的有效利用率和反应的速度。反应过程中，在原料 2，5－二氯用量

为 135.7 g，反应温度为 70℃，Cl_2 流量为 15 升/小时，反应时间为 16 小时的条件下，我们考察了 AIBN 加入量为 2，5－二氯重量的 0.1、0.2 和 0.3 %/小时对 2，5－二氯的转化率、六氯收率以及 Cl_2 的有效利用率的影响，具体数据见表 3－3。随着引发剂量由 0.1%/小时提高至 0.3 %/小时，2，5－二氯转化率均大于 99.8 %，但六氯收率由 44.0 % 提高至 79.0 %，再降低至 71.6 %，说明随着引发剂用量的增多，能够提高氯化反应的速度，但是用量高于 0.2 %/小时后，重组分含量明显提高，由 9.34% ~ 10.76 % 提高至 20.96 %，从而影响了反应选择性。因此，AIBN 的用量以 2，5－二氯重量的 0.2 %/小时为宜。

表 3－3　引发剂量对 2，5－二氯的转化率、六氯收率以及

Cl_2 的有效利用率的影响

序号	引发剂量（%/h）	反应液气谱校正归一含量（wt%）						2，5－二氯转化率（%）	六氯收率（%）	Cl_2 的有效利用率（%）
		2，5－二氯	三氯	四氯	五氯	六氯	重组分			
1	0.1	0.1	0	5.17	39.02	46.37	9.34	99.8	44.0	85.4
2	0.2	0	0	0.16	9.95	79.13	10.76	100.0	79.0	88.0
3	0.3	0	0	0.06	8.12	70.86	20.96	100.0	71.6	88.9

反应过程中，在原料 2，5－二氯用量为 135.7 g，Cl_2 流量 15 升/小时，反应时间为 16h，AIBN 加入量为 2，5－二氯重量的 0.2 %/小时的条件下，我们考察了反应温度为 50、70 和 90℃对 2，5－二氯的转化率以及六氯收率的影响，具体数据见表 3－4。反应

温度为 50℃时，2，5-二氯转化速度较低，反应 16 小时后，2，5-
二氯转化率为 90.1％；提高反应温度至 70℃或 90℃，2，5-二氯
转化率为 100.0％；但是当反应温度为 90℃时，六氯的收率会降低
至 71.5％，因此，反应温度为 70℃较为合适。

表 3-4　反应温度对 2，5-二氯的转化率以及六氯收率的影响

序号	反应温度（℃）	反应液气谱校正归一含量（wt%）						2，5-二氯转化率（%）	六氯收率（%）
		2，5-二氯	三氯	四氯	五氯	六氯	重组分		
1	50	7.71	45.58	35.76	3.58	0.65	6.72	90.1	0.5
2	70	0	0	0.16	9.95	79.13	10.76	100.0	79.0
3	90	0	0	0	1.99	69.66	28.35	100.0	71.5

由上述可知，以 2，5-二氯对二甲苯和氯气为原料，自由基引
发剂引发的氯化取代合成 1，4-双（二氯甲基）-2，5-二氯苯制
备工艺中，AIBN 为一种较好的引发剂。通过工艺参数优化得到较优
工艺为氯气流量为 15 升/小时、AIBN 的用量为 2，5-二氯重量的
0.2％/小时、反应温度为 70℃，在该工艺条件下，2，5-对二甲苯
转化率 100％，氯气利用率 88％，1，4-双（二氯甲基）-2，5-
二氯苯制备收率达 79％。在这个基础上进行吨级中试放大工作也取
得了成功，以 73％产率顺利合成了 1.69 吨六氯产品 **3-8**[30]。

第四章　氧元素转移

一、氧化反应的应用

氧化反应能够使目标物质失去电子，是基本的化学反应之一。在该反应过程中，反应物引入氧或脱去氢。与之相对的，引入氢或失去氧的过程叫作还原反应。从自然的角度来看，氧化反应推动了整个生物圈的平衡发展，生命持续所需的过程都少不了它的参与。在日常生活中，也可以处处发现氧化反应的作用。此外，在农业、工业、医药等领域，氧化反应也发挥着无可替代的作用。

在生活中，我们所需的大量的能量都是通过煤炭、石油以及天然气等燃料的燃烧来获得的。与我们息息相关的呼吸作用，也属于氧化过程。在生物呼吸的过程中，消耗了氧气并产生了二氧化碳。此时，生物体内的葡萄糖被氧化成二氧化碳和水，化学方程式为：

$$C_6H_{12}O_6 + 6H_2O + 6O_2 = 6CO_2 + 12H_2O + 能量$$

这些产生的能量被用来推动身体的各项机能，维持着生物体各项生命活动的进行。

在农业生产中，通过土地排水的方法来更好地改善土壤的通透性，从而增多耕作层中氧的含量。通过氧化反应，可以降低甲烷、硫化氢和亚铁等一类还原性有害物质的含量，促进植物根系可以向更深的地方生长，让植物变得更加粗壮。

在化学工业的生产中，氧化反应可以用于许多化合物的制备。例如，将硫化铁氧化成二氧化硫，再进一步氧化成三氧化硫，以制备硫酸；将氮氧化成一氧化氮，再进一步氧化成二氧化氮以制备硝酸；磷氧化成五氧化二磷制备磷酸；甲醇氧化被夺去氢生成甲醛，等等。在印染工业中，氧化反应可用于染料的氧化。在纺织工业生产中，漂白、消毒等流程也同样使用了氧化反应。而在医药化工领域中，由于产品吨位小，因此多用化学试剂作氧化剂。

总之，氧化反应是一种十分重要的化学反应，它广泛存在于化学反应和生命过程中，与人们的日常生活和工业生产息息相关。

二、传统氧化方法与工业氧化

传统的氧化方法包括热氧法、催化氧化法和化学氧化法，它们的特点各不相同，但同样都在不同的领域中被广泛使用。热氧法和催化氧化法均采用空气或氧气作氧化剂，成本低、来源广，因此在工业生产中备受欢迎。化学氧化法的选择性高，且易于操控，但是使用的氧化剂价格昂贵，有的会对环境造成污染，生产能力也不足，所以在工业生产中受到了一定的限制。

　　热氧化法是指被氧化物与含氧物质（氧气、水等）在高温下进行氧化反应的方法。根据氧化剂的不同，热氧化法主要分为干氧氧化、水汽氧化和湿氧氧化三种，其中干氧氧化和湿氧氧化是最常用的方法。干氧法采用纯氧作为氧化剂，例如，在制备二氧化硅膜的生产过程中，使用干氧法可以使制备生产的氧化膜表面干燥、结构致密，光刻时与光刻胶接触良好，但氧化速度较慢。湿氧氧化的氧化剂是含高纯水的氧气，其中既含有氧，又含有水汽，氧化速度较快但生成的氧化膜质量不如干氧法。在实际的工业生产过程中，通常采用干氧—湿氧—干氧相结合的氧化方式。

　　而单一的氧化条件并不能很好地符合工业生产的要求，因此便有了催化氧化法。根据反应物的状态不同，催化氧化法分为液相催化氧化和气相催化氧化。其中，液相催化氧化是将空气或氧气通入作用物与催化剂的溶液或悬浮液中进行的氧化反应，一般在 100 ~ 200℃之间，反应压力也不太高。该方法可用于高温下不稳定的化合物。液相催化氧化具有较高的选择性，反应可停留在中间阶段，常用于制备有机过氧化物、有机酸，适当控制条件可以制备醇、醛、酮等重要有机合成中间体。气相催化氧化法则是将作用物在 300 ~ 500℃气化，与空气或氧气混合后，通过灼热的催化剂进行的氧化反应。在工业生产中，气相催化氧化适用于连续化工业生产，具有反应速度快、产能高、无溶剂、设备腐蚀小等优点。但是，由于反应温度高，同样也对原料和氧化产物在反应条件下的热稳定性有一定的要求。

　　化学氧化法常被用于处理土壤或地下水中的污染物。常用的氧

化剂有臭氧、过氧化氢、次氯酸盐、氯气、二氧化氯、高锰酸钾和
芬顿试剂等，它们可以将污染物转化为稳定、低毒性或无毒性的物
质。该方法可应用于石油类碳氢化合物、苯、酚类、苯系物、含氯
有机溶剂、多环芳烃、农药等在环境中长期存在且难以被生物降解
的污染物质的修复。

三、有机硒催化氧化反应

由上述可知，氧化反应在工业合成领域，有着举足轻重的应用
价值。然而，传统氧化方法，存在着一些缺陷，例如，使用化学氧
化剂、使用过渡金属催化剂、催化剂价格昂贵、对环境不友好等。
因此，开发全新的氧化技术，解决上述问题，有很好的实际意义。
从元素转移角度考虑，在氧化反应中，主要涉及氧源、催化剂以及
副产物处理三个问题。

使用清洁、廉价的氧源，能够降低生产成本，减轻环境污染，
符合可持续发展精神。在工业生产中，常见的清洁氧化剂有过氧化
氢、氧气、空气。使用它们反应所带来的氧化副产物，通常是水，
从而对环境无害。从生产成本与安全角度考虑，氧气比过氧化氢效
果更佳，而空气最优。催化剂是催化氧化反应过程的心脏，承担将
氧源中的氧"搬运"到产物分子中的任务。许多过渡金属都可用作
催化氧化反应的催化剂，其过程涉及金属价态的变迁。然而，由于
大部分过渡金属都有一定的毒性，它们在产物中的残留有可能会对
人体有害，因此，在合成工业中，尤其在制药工业领域，开发无过

渡金属参与的催化氧化反应，解决这一问题，是主要发展趋势。

　　硒是一种非金属元素，也是人体必需的微量元素，能够被人体代谢[31]。虽然硒在地壳中含量较少，全世界绝大多数地区都缺硒，我国硒资源却异常丰富[8]。与许多过渡金属相比，硒价格便宜。目前，在国内，99.99% 纯度的高纯硒粉价格大约在 400 ~ 500 元/千克。因此，将硒应用于工业生产中，对生态较安全，并且成本可接受。硒是硫属元素的一种，但与硫相比，Se - O 键更加脆弱，从而使得硒可作为"氧转移"中心，将氧源中的氧运载到目标分子中，以实现硒催化氧化反应。

　　我们课题组对硒催化反应的研究源自环己烯绿色氧化项目。环己烯是常见的廉价化工原料，其氧化可生成环己烯酮、环己烯醇、环氧环己烷以及 1，2 - 环己二醇。其中，1，2 - 环己二醇是重要的工业中间体，被广泛应用于邻苯二酚、1，2 - 环己二酮、1，2 - 环己二胺、α - 羟基环己酮等精细化学品的合成。以环己烯为原料、过氧化氢为氧化剂合成 1，2 - 环己二醇，可以实现 100% 原子利用率，是一种绿色、实用的工业合成路线。早在 2008 年，Santi 等人[32]就报道了利用硒催化烯烃与过氧化氢反应，合成 1，2 - 二醇的方法。受此启发，我们发展了硒催化环己烯氧化合成 1，2 - 环己二醇技术[9]。该反应使用易得的二苯基二硒醚（已有商品化试剂）作催化剂、30% 质量浓度过氧化氢作氧化剂，在乙腈溶剂、30℃下发生反应。反应条件温和，并且可以很高产率获得 1，2 - 环己二醇产物，整体原子经济性很高（图式4 - 1）。然而，该方法需要较长的反应时间（42 小时），而从工业角度考虑，这将导致产能受限。

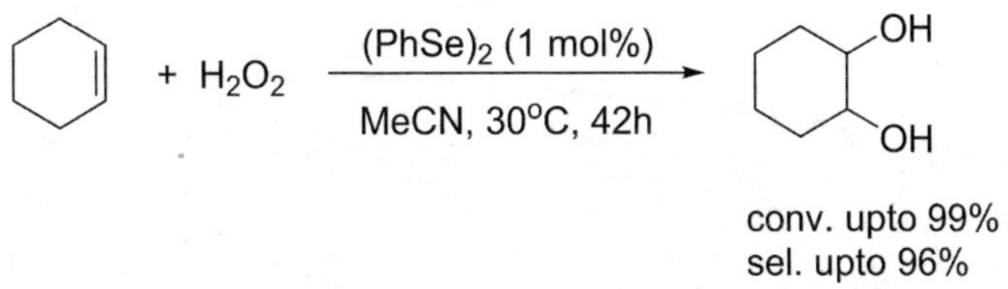

图式 4-1 硒催化环己烯氧化制备 1，2-环己二醇

为了提高反应速度，我们随后对各种硒催化剂进行筛选，研究通过引入各种取代基改变电性的方法来提高催化剂活性（图 4-1）[33]。一系列对比实验表明，带有强吸电子基团的二（3，5-二三氟甲基苯基）二硒醚（即图 4-1 中催化剂 E）是最佳催化剂，可显著提高反应速度。在该催化剂催化下，反应在 3～5 小时内即可完成。此外，通过蒸馏方法，可以将产物与溶剂提出，而残渣作为催化剂可投入下一轮反应重复使用。这些特性使得改进工艺更适合工业化应用。

该反应机理如图式 4-2 所示：首先，硒-77 核磁共振（^{77}Se NMR）研究表明，二硒醚可被过氧化氢氧化为过氧亚硒酸 4-1（R=Ph 时，硒化学位移在 1024 ppm）[34]。该物种中硒正电中心可与环己烯发生亲电加成反应，生成中间体 4-2，经历进一步的分子内关环（4-3）与重排反应，可以生成环氧环丙烷中间体 4-4[35]，并释放出硒催化物种 4-5。作为催化剂中间体的亚硒酸物种，具有较强酸性，因此，可进一步催化环氧环丙烷水解，生成 1，2-环己二醇。同时，硒催化剂中间体 4-5 经过进一步氧化，可重新生成高价硒物种 4-1，从而启动下一轮催化循环。在该反应中，增强硒催化

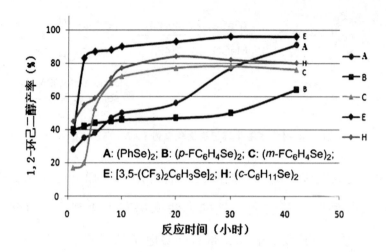

图 4-1　硒催化环己烯氧化制备 1, 2-环己二醇（图片源自文献[33]）

中心正电性，有利于第一步亲电加成反应的发生。因此，往硒催化剂上引入强吸电子基团，如 CF$_3$，可加速反应进程。

值得注意的是，通过对反应液的气质联用（GC-MS）分析可发现，即使在使用过量过氧化氢氧化剂的情况下，硒催化剂也会被还原为二硒醚物种[9]。这说明二硒醚作为一种稳定的含硒化合物，容易生成，而为了避免有机硒催化剂被过度还原成稳定的二硒醚而失活，在小分子硒催化氧化反应中，往往需要使用过量的过氧化氢，以确保强氧化性的反应条件。此外，如若使用二烷基二硒醚作预催化剂，并且升高反应温度，则可将烯烃的碳-碳双键彻底打断，形成羰基（图式 4-3）[36]。该反应不仅可用于合成羰基化合物，还有望应用于各种含有双键结构的有机污染物氧化降解。

该反应可广泛应用于各种 1, 1-二取代乙烯的氧化裂解（表 4-1）。带有较大位阻的萘基的底物活性较低，需要更高反应温

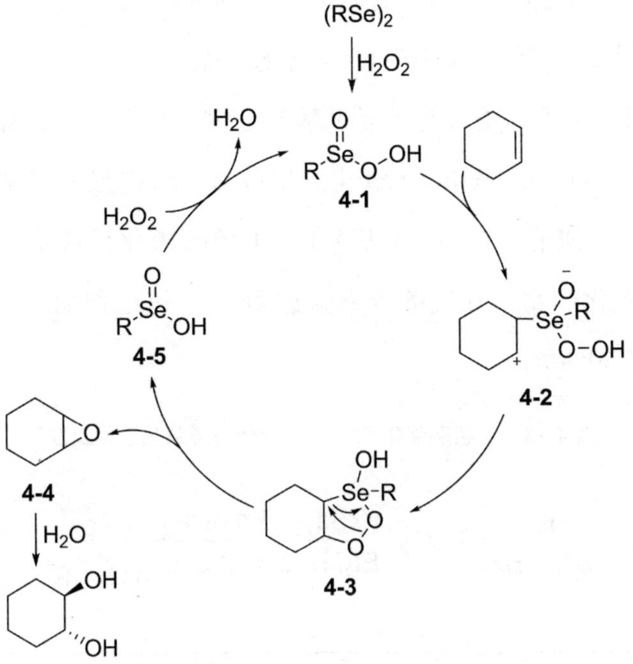

图式 4-2　硒催化环己烯氧化制备 1，2-环己二醇的反应机理

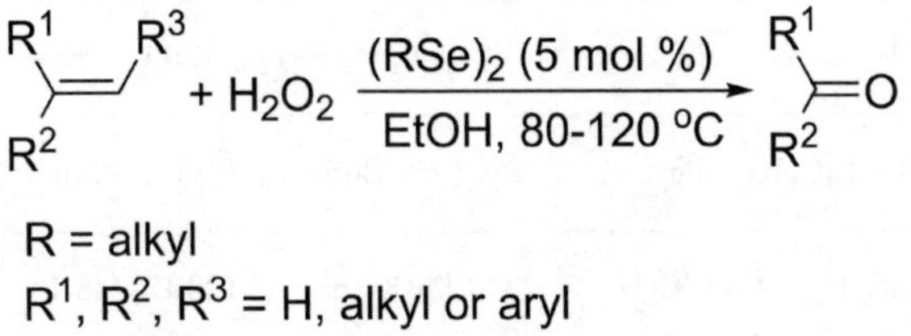

R = alkyl
R^1, R^2, R^3 = H, alkyl or aryl

图式 4-3　硒催化烯烃氧化裂解反应

度与更长反应时间，并且产率明显下降（表 4-1，序号 2 vs. 1）。相比之下，缺电子烯烃活性较低，并且不容易产生深度氧化产物，故而生成酮的产率比推电子烯烃高（表格 4-1，序号 3，4 vs. 5）。除芳基外，带有烷基的烯烃也可被硒催化氧化裂解（表格 4-1，序号

6～11)，而该反应条件对具有较大张力的环丙烷取代基兼容（表格4-1，序号8）。环外双键亦可被氧化成酮（表格4-1，序号12，13），但值得注意的是，对于亚甲基环己烷，其氧化产物环己酮还可进一步发生 Baeyer - Villiger 氧化，生成 ε - 己内酯酯（表格4-1，序号13）。类似地，在2-甲基-1-丁烯的氧化反应中，乙酸乙酯作为深度氧化产物，其气谱产率高达56%，超过预期产物2-丁酮（气谱产率30%）。

表4-1　有机硒催化1，1-二取代乙烯氧化裂解反应[a]

$$R^1R^2 + H_2O_2 \xrightarrow[\text{EtOH, conditions}]{(RSe)_2\ (5\ mol\ \%)} R^1\overset{O}{C}R^2$$

序号	R^1, R^2	$(RSe)_2$，反应条件	产率（%）[b]
1	Ph，Ph	$(c-C_6H_{11}Se)_2$，80℃，48 h	74
2	$1-C_{10}H_7$，Ph	$(c-C_6H_{11}Se)_2$，120℃，96 h	52
3	$4-ClC_6H_4$，Ph	$(n-BuSe)_2$，80℃，96 h	72
4	$4-ClC_6H_4$，$4-ClC_6H_4$	$(PhCH_2Se)_2$，120℃，48 h	65
5	$4-MeOC_6H_4$，$4-MeOC_6H_4$	$(c-C_6H_{11}Se)_2$，80℃，48 h	50

续表

序号	R^1, R^2	$(RSe)_2$，反应条件	产率（%）[b]
6	Me, Ph	$(c-C_6H_{11}Se)_2$，80℃，48 h	51 (70)
7		$(PhCH_2Se)_2$，120℃，48 h	62
8		$(c-C_6H_{11}Se)_2$，80℃，48 h	50 (58)
9	Me, $1-C_{10}H_7$	$(n-BuSe)_2$，120℃，96 h	52
10	Me, $4-ClC_6H_4$	$(c-C_6H_{11}Se)_2$，80℃，48 h	40 (52)
11	Me, $4-MeC_6H_4$	$(c-C_6H_{11}Se)_2$，120℃，96 h	50 (66)
12		$(c-C_6H_{11}Se)_2$，120℃，96 h	48
13[c]		$(c-C_6H_{11}Se)_2$，80℃，48 h	(73)[d]
14[c]	Et, Me	$(c-C_6H_{11}Se)_2$，80℃，48 h	(30)[e]

[a]反应条件：使用 0.5 mmol 烯烃、2.5 mmol H_2O_2（30% 浓度）以及 2 mL 乙醇溶剂；[b]括号外为基于所使用烯烃计算的分离产率，括号内为以联苯作内标物测定的气谱产率；[c]封管反应；[d]同时以 8% 气谱产率产生 ε-己内酯；[e]同时以 56% 气谱产率产生乙酸乙酯

　　对于1，1，2－三取代乙烯，由于底物位阻的增加，其反应活性变弱。例如，引入甲基后的三取代烯烃1，1－二苯基丙烯与1，1－二苯基乙烯的反应相比，产率明显下降（表4－2，序号1 vs. 表4－1，序号1）。随着取代基体积的增加，其底物活性进一步下降（表4－2，序号2，3）。缺电子三取代烯烃需要更高的反应温度，才能够发生反应（表4－2，序号4，5），而富电子三取代烯烃，一方面因底物活性下降需要更高反应温度才能够反应；另一方面，又会因为高温导致产物深度氧化，从而酮产率较低（表4－2，序号7）。2－苯基－2－丁烯以及1，2－二苯基丙烯，氧化裂解产物苯乙酮，因其挥发性而导致分离产率偏低（表4－2，序号8，9）。类似地，引入萘基作为大位阻取代基会降低反应底物活性（表4－2，序号10，11）。值得一提的是，在多取代烯烃2－位引入推电子基团（如甲氧基），可提高底物活性，并可避免产物芳香酮含有推电子基团而易发生深度氧化，从而使得产物产率较好（表4－2，序号12）。相反地，双键直接连有吸电子基团的底物，难以发生反应（表4－2，序号13）。四取代烯烃因其位阻较大，也难以发生反应（表4－2，序号14）。此外，1，2－二取代乙烯反应产物醛较活泼，容易发生深度氧化，产生羧酸副产物，从而导致反应选择性差，合成意义不高[36]。

表4-2 有机硒催化1, 1, 2-三取代乙烯及四取代乙烯的氧化裂解反应[a]

$$\underset{R^1 \quad R^2}{\overset{R^3 \quad R^4}{\diagdown}} + H_2O_2 \xrightarrow[\substack{EtOH, conditions \\ 48\ h}]{(RSe)_2\ (5\ mol\ \%)} \overset{O}{\underset{R^1 \quad R^2}{\diagdown}}$$

序号	R^1, R^2, R^3, R^4	$(RSe)_2$，反应条件	产率（%）[b]
1	Ph, Ph, Me, H	$(c-C_6H_{11}Se)_2$, 80℃	52
2	Ph, Ph, $n-Pr$, H	$(c-C_6H_{11}Se)_2$, 80℃	50
3	Ph, Ph, Ph, H	$(c-C_6H_{11}Se)_2$, 80℃	49
4	$4-ClC_6H_4$, $4-ClC_6H_4$, Me, H	$(PhCH_2Se)_2$, 120℃	62
5	$4-ClC_6H_4$, $4-ClC_6H_4$, Ph, H	$(PhCH_2Se)_2$, 120℃	53
6	$4-MeOC_6H_4$, $4-MeOC_6H_4$, Me, H	$(c-C_6H_{11}Se)_2$, 100℃	57
7	$4-MeOC_6H_4$, $4-MeOC_6H_4$, Ph, H	$(c-C_6H_{11}Se)_2$, 100℃	54
8	Me, Ph, Me, H	$(c-C_6H_{11}Se)_2$, 80℃	46（65）
9	Me, Ph, Ph, H	$(c-C_6H_{11}Se)_2$, 80℃	44（62）
10	$1-C_{10}H_7$, Ph, Me, H	$(c-C_6H_{11}Se)_2$, 120℃	56[c]
11	$1-C_{10}H_7$, Ph, Ph, H	$(c-C_6H_{11}Se)_2$, 120℃	50[c]
12	Ph, Ph, MeO, H	$(c-C_6H_{11}Se)_2$, 80℃	72
13	Ph, Ph, CO_2Et, H	$(c-C_6H_{11}Se)_2$, 80℃	不反应[c]
14	Ph, Ph, Ph, Ph	$(c-C_6H_{11}Se)_2$, 120℃	痕量[c]

[a]反应条件：使用0.5 mmol 烯烃、2.5 mmol H_2O_2（30%浓度）以及2 mL 乙醇；[b]括号外为基于所使用烯烃计算的分离产率，括号内为以联苯作内标物测定的气谱产率；c反应时间延长到96 h

硒催化烯烃氧化裂解反应是建立在硒催化烯烃二羟化反应之上的深度反应（图式4-4）。在较高反应温度下，1, 2-二醇**4-6**中间体首先与过氧亚硒酸物种缩合，生成中间体 **4–7**，随后，通过脱去一分子亚硒酸，生成中间体 **4–8**。过氧亚硒酸可与中间体 **4–8** 的羰基发生加成反应，生成 **4–9**，随后即脱去亚硒酸，生成 **4–10**。通过进一步水解，可生成最终羰基产物。在该反应中，过氧亚硒酸与中间体 **4–8** 羰基的加成反应是重要步骤，而电子云较丰富并且位阻相对较少的烷基过氧亚硒酸有利于该反应的发生，从而最终被筛选为烯烃氧化裂解的最佳硒催化剂[36]。

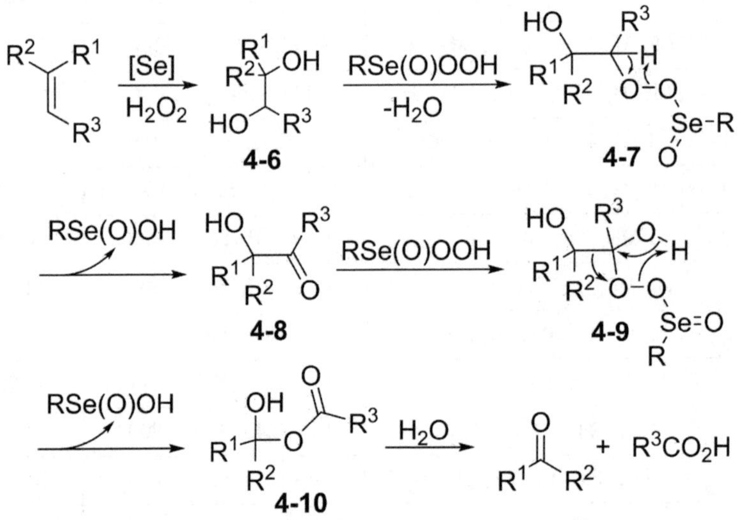

图式 4 –4　硒催化烯烃氧化裂解反应机理

有趣的是，对于一些带有张力环的烯烃，例如亚烃基环丙烷，在硒催化氧化条件下，并不能生成 1，2 – 二醇或发生氧化裂解反应，而是生成独特的环丁酮（图式 4 – 5）[37]。环丁酮是药物合成中常见的结构，由于其分子内张力而较难合成。亚烃基环丙烷[38,39] 可由易得的醛酮与环丙亚基膦叶立德通过 Wittig 反应合成[40,41]，而环丙亚基膦叶立德可通过易得 1，3 - 二溴丙烷衍生物来合成[42]，因此，该氧化扩环反应为合成各种 2 - 位取代的环丁酮提供了一种便捷的合成途径。

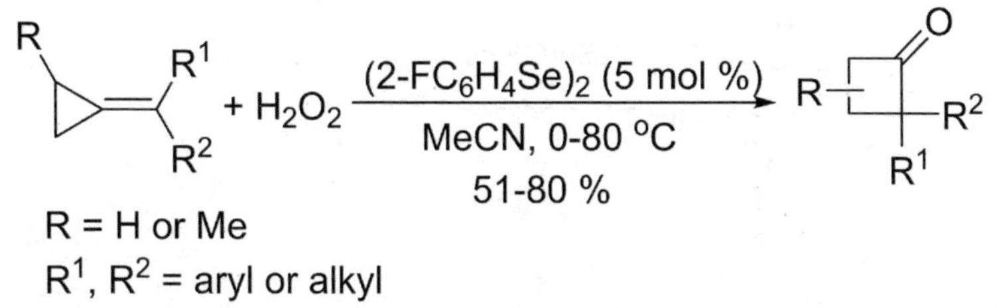

$$R = H \text{ or } Me$$
$$R^1, R^2 = aryl \text{ or } alkyl$$

图式 4 - 5 硒催化亚烃基环丙烷衍生物的氧化扩环

与普通烯烃氧化类似，在该反应中，亚烃基环丙烷首先与过氧亚硒酸发生亲电加成反应，生成中间体 **4 - 11**。作为连有 α - 硫族（硒）元素官能团的环丙甲基正离子，**4 - 11** 易重排为环丁基碳正离子中间体 **4 - 12** 以及 **4 - 13**[43]。经过后续反应脱去亚硒酸，最终生成环丁酮产物（图式 4 - 6）。

β - 紫罗兰酮（**4 - 14**）是一类结构稍复杂的烯烃，该分子除含有多个双键外，还带有羰基，这些官能团都有可能被氧化（图式 4 - 7）。β - 紫罗兰酮氧化后可以生成的烯酯 **4 - 15**（路线 a）、环氧化物 **4 - 16**（路线 b）以及烯丙基酮 **4 - 17** 与烯丙基醇 **4 - 18**（路线 c）。这些分子在药物合成、香料制备以及农用化学品生产中，都有着广泛的应用。在有机硒催化下，β - 紫罗兰酮可被过氧化氢氧化，生成 **4 - 15** 或 **4 - 16**。有趣的是，该反应的选择性由硒催化剂种类所控制。当使用二苄基二硒醚作氧化剂时，主要生成烯酯 **4 - 15**，而当使用缺电子的二（3，5 - 二三氟甲基苯基）二硒醚作催化剂时，主

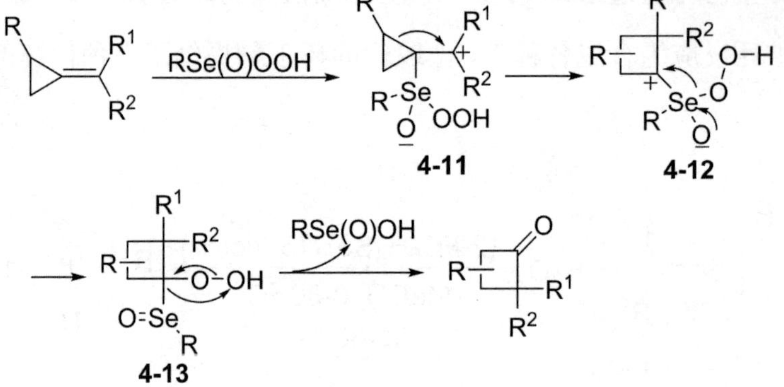

图式4-6　硒催化亚烃基环丙烷衍生物的氧化扩环反应机理

要发生环氧化反应，生成 **4 – 16**[44]。

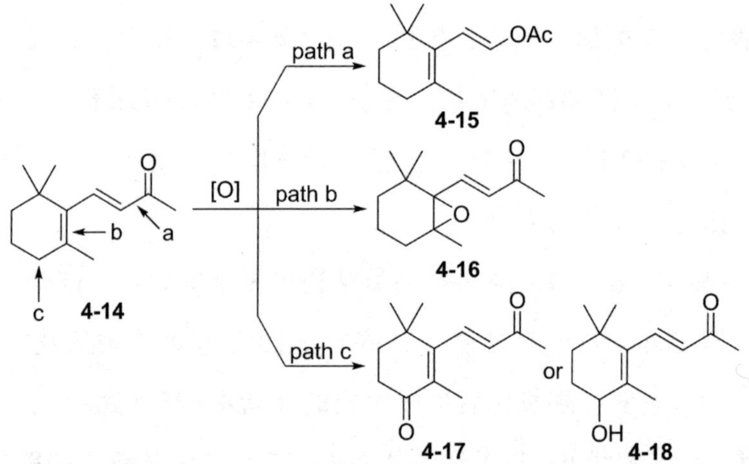

图式4-7　*β*-紫罗兰酮可能的氧化位点

与普通烯烃的硒催化氧化反应类似，如使用缺电子的二（3，5-二三氟甲基苯基）二硒醚催化剂，其较强的硒正电中心有利于反应在碳-碳双键发生，从而生成环氧化物 **4 – 16**。在 *β*-紫罗兰酮的两个双键中，环外双键受羰基吸电子效应影响，电子云密度较低，难以发生与硒正电中心的亲电加成反应，而使得环氧化反应选择性地在离羰基较远的环内双键发生。当使用富电子并且位阻较低的苄基硒催化剂时，催化剂硒正电中心较弱，但其含氧官能团亲核性加强，从而有利于与 β – 紫罗兰酮羰基发生亲核加成反应生成 **4 – 19**。中间体 **4 – 19** 脱去亚硒酸后，可进一步生成最终的 Baeyer – Villiger 氧化产物，即烯酯 **4 – 15**（图式 4 – 8）。

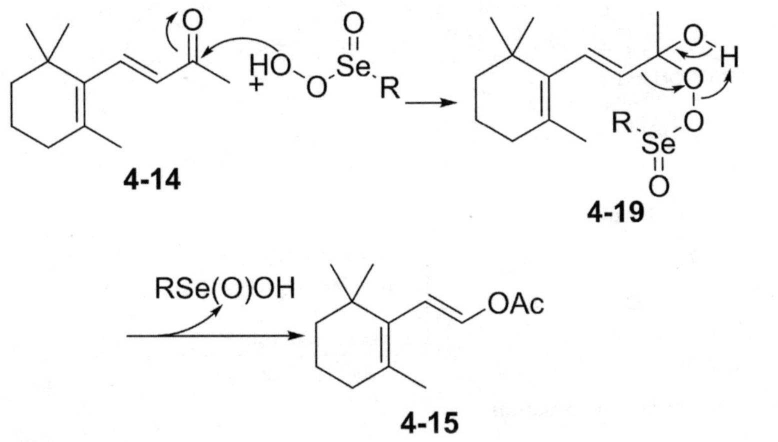

图式 4 – 8 β – 紫罗兰酮 Baeyer – Villiger 氧化反应机理

硒催化 Baeyer – Villiger 氧化反应可进一步拓展到普通 α, β – 不饱和酮上。在 5 mol% 二苄基二硒醚催化下，α, β – 不饱和酮可被过氧化氢氧化，以较好的产率生成一系列烯酯[45]。烯酯是药物合成、高分子材料制备领域的重要基础原料，而已有的以烯烃或炔烃与羧酸反应合成这类化合物的技术存在着催化剂昂贵、副产物多等缺点，难以大规模应用（图式 4 – 9，合成路线 A、B）[46,47]。与文献报道的以过硫酸钾复合盐（KOS（O）$_2$OOH，即 KHSO$_5$ · 1/2 KHSO$_4$ · 1/2 K$_2$SO$_4$）为氧化剂氧化 α，β - 不饱和酮的方法（图式 4 - 9，合成路线 C）相比[48]，该硒催化氧化方法过程更环保（图式 4 - 9，合成路线 D）。此外，通过 Baeyer - Villiger 氧化反应合成烯酯，其初始原料 α，β - 不饱和酮可由醛酮的 Aldol 缩合清洁地合成（副产物仅仅为水）[49]，整个合成线路清洁而有着潜在的工业应用价值。

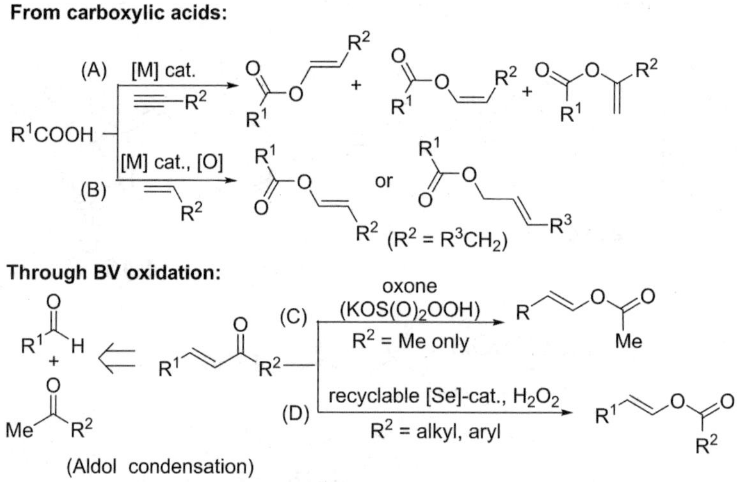

图式 4 - 9　常见的烯酯合成方法

该反应的应用范围很广泛，如表 4 - 3 所示：富电子或缺电子的 α，β - 不饱和酮都可以在有机硒的催化下，以较高产率被氧化成相应的烯酯（表 4 - 3，序号 1～12）。远离反应位点的双键末端引入大位阻基团，对产物产率没有影响（表 4 - 3，序号 13）。该反应还适用于多共轭底物（表 4 - 3，序号 14）。底物羰基上的取代基位阻对反应影响较大（表 4 - 3，序号 15～22），其中，连有大位阻的叔丁基和 2 - 萘基时反应产率最低（表 4 - 3，序号 17，22）。该反应不适用于脂肪族底物 4 – 环己烯 – 3 – 丁烯 – 2 – 酮（表 4 – 3，序号 23）[45]。

表 4 – 3　有机硒催化 α，β – 不饱和酮的 Baeyer – Villiger 氧化反应 [a]

$$R^1 \diagup\!\!\!\diagup \overset{O}{\underset{}{\diagdown}} R^2 + H_2O_2 \xrightarrow[\text{MeCN, r.t., 24 h}]{\text{(PhCH}_2\text{Se)}_2 \text{ (5 mol \%)}} R^1 \diagup\!\!\!\diagup O \overset{O}{\diagdown} R^2$$

序号	R^1	R^2	产率（%）[b]
1	Ph	Me	85
2	$4 - MeC_6H_4$	Me	78
3	$3 - MeC_6H_4$	Me	80
4	$2 - MeC_6H_4$	Me	75
5	$4 - t - BuC_6H_4$	Me	64
6	$2,4,6 - Me_3C_6H_2$	Me	88
7	$4 - MeOC_6H_4$	Me	84
8	$2 - MeOC_6H_4$	Me	81
9	$2,3,4 - (MeO)_3C_6H_2$	Me	84
10	$4 - ClC_6H_4$	Me	76
11	$3 - ClC_6H_4$	Me	70
12	$2 - ClC_6H_4$	Me	80
13	$1 - C_{10}H_7$	Me	75
14	$PhCH = CH$	Me	78
15	Ph	$n - Bu$	84
16	Ph	CH_2CHMe_2	75
17	Ph	$t - Bu$	64
18	Ph	Ph	75

序号	R^1	R^2	产率（%）[b]
19	Ph	$4 - MeC_6H_4$	76
20	Ph	$4 - MeOC_6H_4$	84
21	Ph	$1 - C_{10}H_7$	70
22	Ph	$2 - C_{10}H_7$	62
23	$c - C_6H_{11}$	Me	不反应[c]

[a] 反应条件：1 mmol α, $\beta -$ 不饱和酮、4 mmol H_2O_2（30% 浓度）以及 0.05 mmol $(PhCH_2Se)_2$ 在 2 mL MeCN 中室温下（约 25℃）反应 24 h；[b] 基于 α, $\beta -$ 不饱和酮计算的分离产率；[c] 加热到 40～80℃ 也不反应

在该反应中，硒催化剂可通过萃取方法加以回收利用，但回收过程中催化剂损失较多，从而导致后续反应产率明显下降。例如，以二苄基二硒醚作催化剂前体，过氧化氢为氧化剂，催化 4 - 苯基 - 丁 -3 - 烯 -2 - 酮 Baeyer - Villiger 氧化反应为例，尽管，催化剂首次使用时，反应产率可高达 86%，经过一系列回收损耗后，催化反应产率逐渐降低至 62%（图 4 -2）。

2 - 亚烃基环丁酮（2 - MCBones）是一类含有环状亚烃基的 α, $\beta -$ 不饱和酮，可通过环丁酮（已有商品可购）与醛类在氢氧化钙催化下的缩合反应制备（图式 4 -10）[34]。作为同时含有两个 $sp^2 -$ 碳的小环，该分子内四元碳环张力很大，容易发生开环反应。然而，与前述亚烃基环丙烷不同，2 - 亚烃基环丁酮在硒催化下氧化，发生 Baeyer - Villiger 氧化反应，而非氧化扩环反应，最终生成 $\gamma -$ 亚烃基

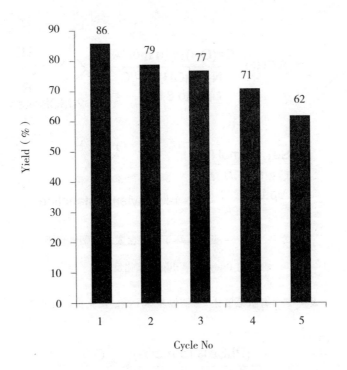

图 4 - 2　硒催化 4 - 苯基 - 丁 - 3 - 烯 - 2 - 酮

Baeyer - Villiger 氧化中催化剂循环使用测试

丁内酸酯（图式 4 - 10）[34]。由四元环扩张到五元环，会释放出小环张力，从而为该反应提供足够的驱动力。

　　通过氢氧化钙催化下环丁酮与各种易得的醛的缩合反应，可以方便地合成各种取代的 2 - 亚烃基环丁酮。在硒催化下，它们可被氧化，生成各种 γ - 亚烃基丁内酸酯。该反应中，使用富电子底物产率较高（表 4 - 4，序号 1 ~ 7），而引入吸电子官能团后，底物活性下降（表 4 - 4，序号 8 ~ 11）。脂肪族底物亦可在该反应条件下氧化扩环，但产率明显下降（表 4 - 4，序号 12）。

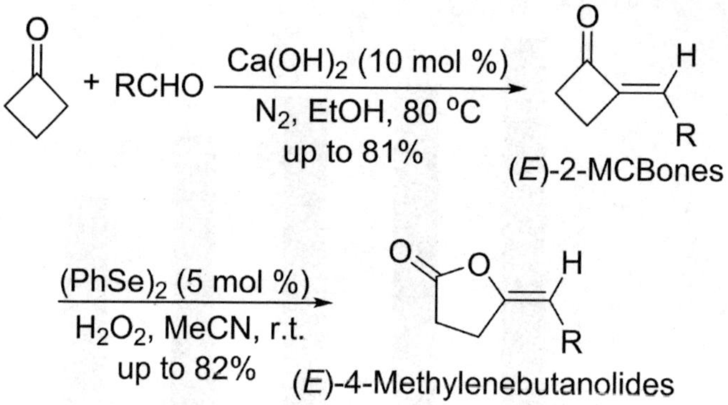

(E)-2-MCBones

(E)-4-Methylenebutanolides

图式 4 – 10　2 – 亚烃基环丁酮的合成及其硒催化下
的 Baeyer – Villiger 氧化反应

表 4 – 4　有机硒催化 2 – 亚烃基环丁酮的氧化扩环反应 [a]

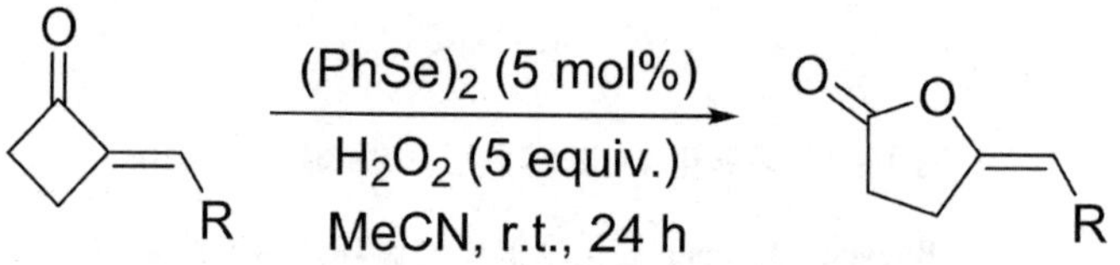

序号	R	产率（%）[b]
1	Ph	82
2	4 – MeC_6H_4	73
3	3 – MeC_6H_4	61
4	2，4，6 – Me_3C_6H_2	65
5	4 – t – BuC_6H_4	67
6	4 – MeOC_6H_4	54
7	1 – C_{10}H_7	53

续表

序号	R	产率（%）[b]
8	$4-FC_6H_4$	58
9	$4-BrC_6H_4$	50
10	$2-BrC_6H_4$	40
11	$3-BrC_6H_4$	67
12	$c-C_6H_{11}$	42

[a] 反应条件：0.3 mmol 2-亚烃基环丁酮、1.5 mmol H_2O_2（30%浓度）以及 0.015 mmol $(PhSe)_2$ 在 1 mL MeCN 中室温下（约 25℃）反应 24 h；[b] 基于 2-亚烃基环丁酮计算的分离产率

硒催化靛红氧化制备靛红酸酐也是一个 Baeyer-Villiger 氧化反应过程（图式 4-11）[50]。在靛红分子中，连接相邻羰基的碳-碳键最活泼，从而可在硒催化下插入氧，生成药物中间体靛红酸酐。该反应使用乙腈或乙腈-N,N 二甲基甲酰胺（DMF）混合溶剂，有利于产物与原料的分离。在反应中，靛红原料易溶于反应溶剂，而产物靛红酸酐难溶，会随着反应的进行而逐渐析出，可通过过滤方式分离提纯，而反应母液中含有硒催化剂，可重复利用。

该反应底物应用范围广泛，可应用于各种带有推电子或吸电子取代基的靛红氧化，合成相应的一系列靛红酸酐（表 4-5）。值得注意的是，在含有 9 vol.% DMF 的乙腈溶剂中反应时，氮上带有取代基的靛红底物反应产率较低（表 4-5，序号 11~17 vs. 1~10）。这可能是由于底物中氮被取代后极性下降，导致在高极性溶剂中溶

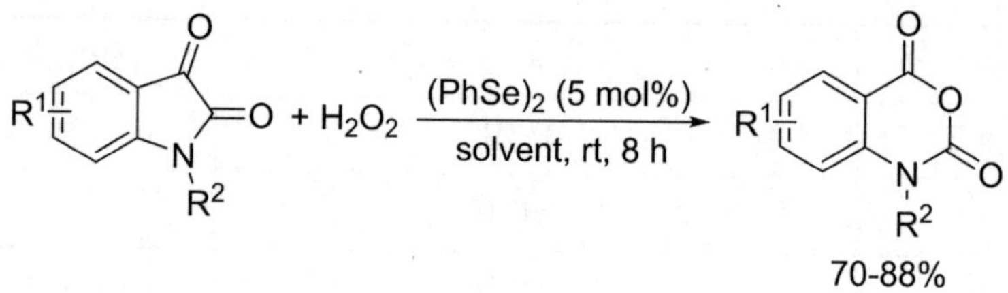

图式 4-11 硒催化靛红氧化制备靛红酸酐

解度下降所致。通过使用极性较低的纯乙腈溶剂，可显著提高这类较低极性底物的溶解度，从而提高反应产物产率（表 4-5，序号 18 ~24 vs. 11~17）[50]。

表 4-5 有机硒催化靛红氧化制备靛红酸酐ᵃ

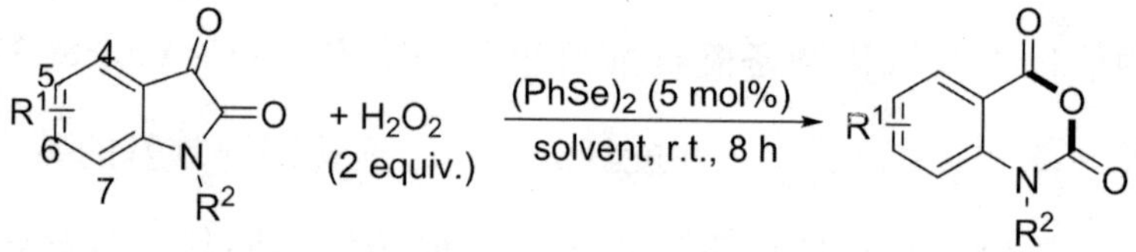

序号	R¹，R²	溶剂	产率（%）ᵇ
1	H，H	9 vol. % DMF/MeCN	88
2	5-Me，H	9 vol. % DMF/MeCN	86
3	5-MeO，H	9 vol. % DMF/MeCN	85
4	5-F，H	9 vol. % DMF/MeCN	89
5	5-Cl，H	9 vol. % DMF/MeCN	80
6	7-Cl，H	9 vol. % DMF/MeCN	84
7	4-Br，H	9 vol. % DMF/MeCN	78
8	5-Br，H	9 vol. % DMF/MeCN	81

续表

序号	R^1, R^2	溶剂	产率（%）[b]
9	6 – Br, H	9 vol. % DMF/MeCN	78
10	7 – Br, H	9 vol. % DMF/MeCN	88
11	H, Bn	9 vol. % DMF/MeCN	72
12	5 – Me, Bn	9 vol. % DMF/MeCN	73
13	5 – Me, n – Bu	9 vol. % DMF/MeCN	76
14	5 – F, Bn	9 vol. % DMF/MeCN	72
15	5 – F, n – Bu	9 vol. % DMF/MeCN	71
16	5 – Cl, Bn	9 vol. % DMF/MeCN	71
17	5 – Cl, n – Bu	9 vol. % DMF/MeCN	70
18	H, Bn	MeCN	75
19	5 – Me, Bn	MeCN	75
20	5 – Me, n – Bu	MeCN	84
21	5 – F, Bn	MeCN	76
22	5 – F, n – Bu	MeCN	75
23	5 – Cl, Bn	MeCN	80
24	5 – Cl, n – Bu	MeCN	78

[a] 反应条件：1 mmol 靛红、2 mmol H_2O_2（30% 浓度）以及 0.05 mmol $(PhSe)_2$ 在 2.5 mL 溶剂中室温（约 25℃）搅拌 8 h；[b] 分离产率。

肟是一类稳定的化合物，可由醛酮与羟胺缩合制备。作为含氮化合物，肟的氧化有望提供一种制备硝基化合物的新方法。然而，在硒催化苯甲醛肟（**4 – 20a**）氧化的尝试性实验中，并不能获得预期的硝基化合物（**4 – 21a**），而观察到脱水产物腈（**4 – 23a**）的生成（表 4 - 6，序号 1）[51]。增加过氧化氢用量，脱水产物消失，主要生成脱肟产物苯甲醛（**4 - 22a**，表 4 - 6，序号 2）。如若使用不足量（50 mol%）过氧化氢，可以提高苯甲腈的产率（表 4 - 6，序号 3）。

表 4 - 6 硒催化过氧化氢氧化苯甲醛肟

序号	过氧化氢摩尔用量/4 - 20a	4 - 21a 产率	4 - 22a 产率	4 - 23a 产率
1	100%	0	57%	28%
2	200%	0	44%	0
3	50%	0	44%	37%

有机腈是重要的化工中间体，而从醛肟为原料合成腈，得益于醛肟原料的易得性和整体工艺路线的高原子经济性，有着潜在的工业应用价值。因此，在表 4 - 6 的实验结果基础上，我们展开了一系列条件摸索实验，最终筛选出最优的反应条件[51]。研究表明，使用 4 mol% 硒催化剂前体与同等摩尔量的过氧化氢，可在温和条件下催化醛肟脱水，以最高 85% 的产率制备相应的腈（图式 4 - 12）。各种二硒醚都可以用作催化剂前体，其中以二（3 - 氟苯基）二硒醚最佳。该前体在等摩尔量过氧化氢氧化下，可转化为高活性的芳基次硒酸（ArSeOH）催化反应（图式 4 - 12）。

利用该有机硒催化体系，可以催化一系列醛肟脱肟制备有机腈。

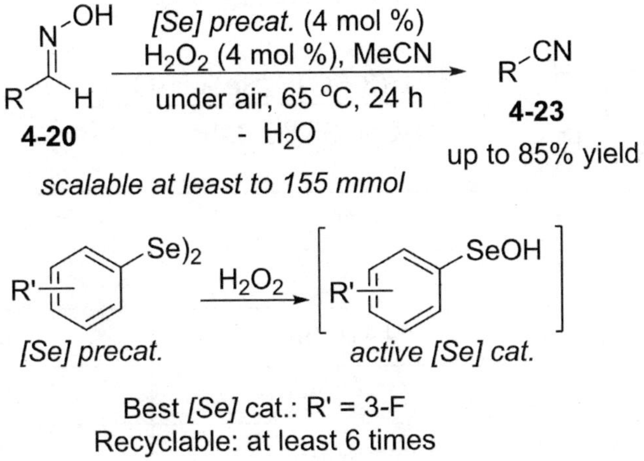

图式 4-12 硒催化醛肟脱水反应

该反应底物兼容性较好，富电子（表 4-7，序号 1，8~11）、缺电子（表 4-7，序号 2~7）、带大位阻基团（表 4-7，序号 12）、脂肪族（表 4-7，序号 13，14）以及带有不饱和键（表 4-7，序号 15，16）底物醛肟都可在现场产生的次硒酸催化下脱水，制备一系列相应的有机腈。由于产物腈类沸点不高，因此，在反应结束后，可通过蒸馏的方法分离提纯，而含有硒化合物的残渣可作为催化剂投入到下一轮反应再次利用，充分表明了这一制腈方法的实用性[51]。

表 4-7　有机硒催化醛肟脱水制腈反应^a

$$\underset{R}{\overset{NOH}{\parallel}}\!\!\!-H \xrightarrow[\text{CH}_3\text{CN, 65 °C, 24h}]{4\ \text{mol\%}\ (3\text{-FC}_6\text{H}_4\text{Se})_2\text{-H}_2\text{O}_2} R-CN$$

序号	R	产率（%）^b
1	Ph	81
2	4 – FC$_6$H$_4$	70
3	2 – ClC$_6$H$_4$	78
4	3 – ClC$_6$H$_4$	80
5	4 – ClC$_6$H$_4$	81
6	4 – BrC$_6$H$_4$	80
7	4 – CF$_3$C$_6$H$_4$	82
8	4 – MeC$_6$H$_4$	73
9	3 – MeC$_6$H$_4$	81
10	4 – MeOC$_6$H$_4$	76
11	4 – t – BuC$_6$H$_4$	74
12	1 – C$_{10}$H$_7$	82
13 [c]	n – C$_6$H$_{13}$	85
14 [c]	n – C$_8$H$_{17}$	76
15	E – PhCH = CH	71
16	4 – CH$_2$ = CHCH$_2$OC$_6$H$_4$	66

　　[a] 反应条件：5 mmol 醛肟以及 0.2 mmol $(3-FC_6H_4Se)_2 - H_2O_2$（二者等当量，即 4 mol%）在 5 mL 乙腈中 65℃反应 24 h；[b] 基于醛肟计算的分离产率；[c] 反应扩大到 155 mmol 醛肟规模

如图式 4 - 13 所示，在该反应中，由二芳基二硒醚与等当量过氧化氢反应转化而得的芳基次硒酸催化剂物种，可缩合成活性更高的芳基次硒酸酐（ArSeOSeAr）。次硒酸酐可与醛肟原料（**4 - 20**）反应，生成中间体 **4 - 24**，经重排生成较稳定的含分子内氢键的中间体 **4 - 25**。通过硒氧消除[52,53]，中间体 **4 - 25** 可释放出最终产物 **4 - 23**，并再生芳基次硒酸催化物种。在该反应过程中，芳基次硒酸酐与醛肟的反应，通过醛肟羟基对硒正电中心的亲核进攻发生，而往硒催化剂上引入吸电子基团，以提高硒中心的正电性，有利于该步反应发生，故而二（3 - 氟苯基）二硒醚被筛选为最佳催化剂（前体）。

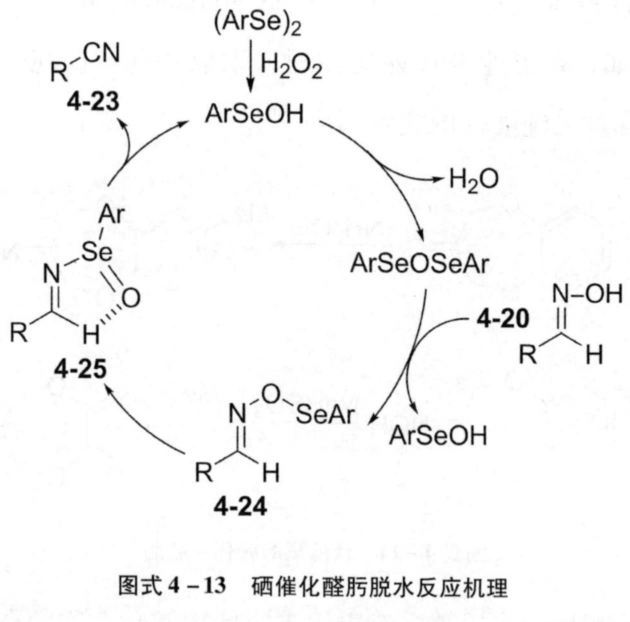

图式 4 - 13　硒催化醛肟脱水反应机理

过氧化氢是不稳定的氧化剂，其浓度会因分解而逐渐降低，从而干扰了使用上述方法预配催化剂时剂量的准确性，并影响其催化效果。因此，对该方法进行改进，有很好的应用意义。研究表明，直接使用稳定的有机亚硒酸（例如苯亚硒酸）作预催化剂，同样能起到很好的催化效果。苯亚硒酸作为氧化性较强的预催化剂，可被反应体系中的有机物还原成活性次硒酸物种催化脱水反应。然而，该反应需在空气中进行，确保次硒酸不会被过度还原成稳定的二硒醚而失效[54]。改进后的方法已被成功应用于精细化学品大茴香腈的公斤级制备[55]。

　　脱肟是制药工业与有机化工中的重要反应之一。与醛酮相比，肟更加稳定、易结晶，因此，肟化－脱肟技术，可以应用于很多药物、天然产物及有机化工产品的提纯中。例如，早在 1979 年，Corey 等人就将该技术应用于在红环内酯 A（erythronolide A）的全合成中[56]。又如，在工业合成西瓜酮时，采取肟化—提纯—脱肟的方法，来提高产品纯度（图式 4 – 14）[10]。

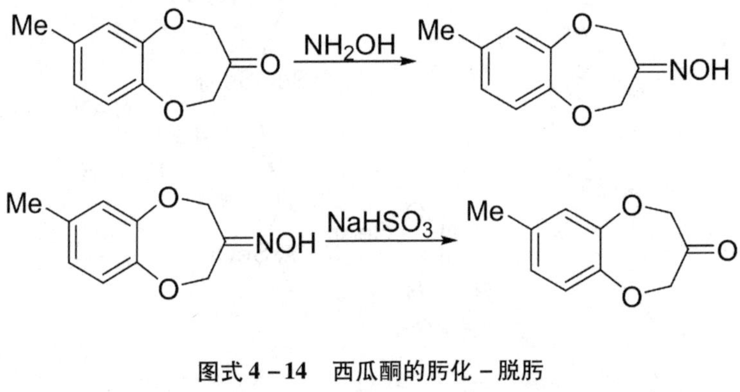

图式 4 – 14　西瓜酮的肟化 – 脱肟

　　此外，脱肟技术还被广泛应用于一些羰基化合物的合成中。例如，在以柠檬烯（limonene）为原料合成香芹酮（carvone）的技术路线中，首先利用柠檬烯与亚硝酰氯的反应生成中间体 **4－26**，脱氯化氢后生成肟中间体 **4－27**。利用脱肟技术，可以将 **4－27** 转化为最终产品香芹酮（图式 4－15）[57]。

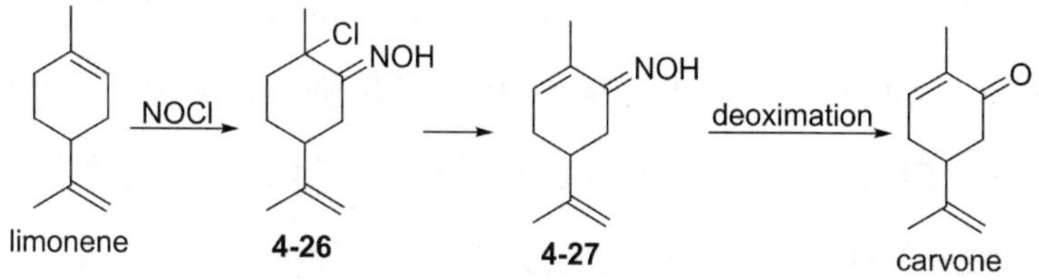

图式 4－15　香芹酮合成路线

因此，在醛肟脱水反应中发生的脱肟副反应，引起了我们的关注。研究表明，增加氧化剂用量，可以提高脱肟反应选择性（表 4－6，序号 2），从而说明该反应经历一个氧化脱肟过程。经过一系列条件摸索，我们发现使用二苄基二硒醚作催化剂前体、过氧化氢作氧化剂，可实现氧化脱肟（图式 4－16）[58]。在该反应中，过氧化氢用量可降低到底物肟用量的 30%～45 mol%，并使用空气作为部分氧化剂，从而不但显著降低了反应成本，还使得该过程更加安全。

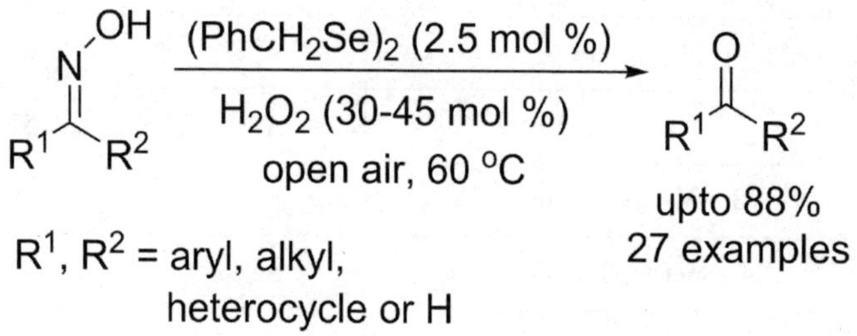

图式 4－16　硒催化的氧化脱肟反应

该反应底物适用范围较广，对含有芳香族（表 4－8，序号 1～

14, 16 ~ 26)、脂肪族（表4 - 8, 序号15）、杂环的醛酮都适用（表4 - 8, 序号27）。值得注意的是, 对于醛肟脱肟, 该反应选择性受底物取代基影响较大: 当底物上含有吸电子基团（即缺电子底物）, 只发生脱肟反应; 而如若底物上含推电子基团（即富电子底物）, 会有脱水副产物腈产生, 并且推电子基团越强, 脱水副反应越明显（表4 - 8, 序号18 ~ 20）[58]。与硒催化脱水制腈的反应类似, 对于挥发性产物, 同样可通过蒸馏方法加以分离提纯, 而含硒残渣可作为催化剂投入下一轮反应重复利用[58]。该反应原子经济性高、整体过程绿色环保, 适合应用于大规模生产。

表4 - 8 有机硒催化的脱肟反应[a]

$$\underset{R^1 \quad R^2}{\overset{N^{OH}}{\parallel}} \quad \xrightarrow[\substack{60\ ^\circ C,\ open\ air,\ 24\ h \\ Conditions\ A\ or\ B\ or\ C}]{(PhCH_2Se)_2\ (2.5\ mol\ \%)} \quad \underset{R^1 \quad R^2}{\overset{O}{\parallel}}$$

序号	R^1, R^2 (or substrate)	反应条件	产率（%）[b]
1	Ph, Me	A	82
2	Ph, n - Pr	A	67
3	4 - MeC$_6$H$_4$, Me	A	57
4	3 - MeC$_6$H$_4$, Me	A	58
5	4 - MeOC$_6$H$_4$, Me	A	50
6	4 - ClC$_6$H$_4$, Me	A	76
7	3 - ClC$_6$H$_4$, Me	A	75
8	2 - ClC$_6$H$_4$, Me	A	70

续表

序号	R^1, R^2 (or substrate)	反应条件	产率（%）[b]
9	$4-NO_2C_6H_4$, Me	A	75
10	Ph, Ph	A	81
11	$4-MeC_6H_4$, $4-MeC_6H_4$	A	63
12	$4-MeOC_6H_4$, $4-MeOC_6H_4$	A	68
13	$4-ClC_6H_4$, $4-ClC_6H_4$	A	80
14	$4-FC_6H_4$, $4-FC_6H_4$	A	72
15		A	55
16	Ph, H	B	88
17	$3-MeC_6H_4$, H	C	60
18	$4-t-BuC_6H_4$, H	C	62 (85/15)
19[c]	$2,4,6-Me_3C_6H_2$, H	B	81 (7/93)
20	$4-MeOC_6H_4$, H	B	61 (39/61)
21	$4-ClC_6H_4$, H	C	67
22	$3-ClC_6H_4$, H	C	56
23	$2-ClC_6H_4$, H	C	52
24	$4-NO_2C_6H_4$, H	C	50
25	$1-C_{10}H_7$	C	51 (60/40)
26[c]	$2-C_{10}H_7$	B	58 (86/14)

元素转移反应 >>>

续表

序号	R¹, R² (or substrate)	反应条件	产率（%）[b]
27[c]		B	56（67/33）

[a] 反应条件：1 mmol 肟以及 0.025 mmol（PhCH₂Se）₂暴露于空气下 60℃反应 24 h，其中条件 A 使用 0.3 mmol H₂O₂（30%浓度）和 2 mL 乙腈溶剂，而条件 B 使用 0.45 mmol H₂O₂（30%浓度）和 2 mL 石油醚溶剂，条件 C 使用 0.6 mmol H₂O₂（30%浓度）和 2 mL 石油醚溶剂；[b]基于肟计算的分离产率，而括号中为醛/腈摩尔比（产率为混合物总产率）；[c]反应在 60℃下进行

    上述脱肟反应中，如使用位阻较大的二苯基二硒醚作催化剂前体，则产物产率明显下降（表 4-9，序号 1 vs. 表 4-8，序号 1）。但通过加入路易斯酸助催化剂 Yb（OTf）₃，可使该反应产率有所提高（表 4-9，序号 2 vs. 1）。如若使用缺电子的硒催化剂前体，则脱肟产率明显降低（表 4-9，序号 3，4 vs. 1）。使用位阻庞大的二（1-萘基）二硒醚作脱肟反应的催化剂前体，会导致产物产率严重下降（表 4-9，序号 5）。隔绝空气（使用氮气保护），则脱肟产物产率急剧下降到 15%（表 4-9，序号 6），充分说明了该反应中，空气是必要的氧化剂。有趣的是，不使用过氧化氢氧化剂，并隔绝空气，但使用化学计量的苯亚硒酸，也可以使得氧化脱肟反应发生，产率可达 64%（表 4-9，序号 7），这说明了苯亚硒酸，是反应中的氧化性催化剂中间体。仅使用二硒醚催化剂，在没有氧化剂（过氧化氢）

62

存在的条件下，不会发生脱肟（表4-9，序号8），但如果使用苯亚硒酸催化剂，则在同样条件下，可以18%的产率生成少量脱肟产物（表4-9，序号9）。

表4-9　有机硒催化脱肟对比实验 [a]

序号	反应条件 [b]	产率（%） [c]
1	$(PhSe)_2$ （2.5%），H_2O_2 （30%），open air	66
2	$(PhSe)_2$ （2.5%），Yb $(OTf)_3$ （0.5%），H_2O_2 （30%），open air	73
3	$(4-FC_6H_4Se)_2$ （2.5%），H_2O_2 （30%），open air	60
4	$[3,5-(CF_3)_2C_6H_4Se]_2$ （2.5%），H_2O_2 （30%），open air	52
5	$(1-C_{10}H_7Se)$ （2.5%），H_2O_2 （30%），open air	36
6	$(PhCH_2Se)_2$ （2.5%），H_2O_2 （30%），N_2	15
7	$PhSe(O)OH$ （100%），without H_2O_2，N_2	64
8	$(PhCH_2Se)_2$ （2.5%），without H_2O_2，open air	不反应
9	$PhSe(O)OH$ （5%），without H_2O_2，open air	18

[a] 反应使用1 mmol苯乙酮肟和2 mL乙腈溶剂；[b] 括号中数值为基于苯乙酮肟计算的摩尔比例；[c] 基于苯乙酮肟计算的分离产率

结合上述一系列对比实验结果，并参考相关文献报道[52,53,58]，可推断出该氧化脱肟过程通过离子反应机理进行（图式4-17）。首先，催化剂前体二苄基二硒醚可被过氧化氢氧化为苄基亚硒酸，而该物种与底物肟的亲核加成反应，可生成含硒中间体 **4 - 28**。该中间体 **4 - 28** 发生分解可释放出脱肟产物（醛或酮），并生成 Se - N 中间体 **4 - 29**。经历 N - O 键上的硒氧消除后[52,53]，**4 - 29** 分解产生次硝酸（HNO）以及苄基次硒酸（BnSeOH）。在空气或过氧化氢氧化下，苄基次硒酸可被氧化并再生成苄基亚硒酸，从而实现催化循环（图式 4 - 17）。

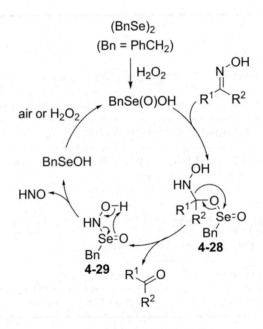

图式 4 - 17　硒催化的氧化脱肟反应机理

后续对反应液的 X 射线光电子能谱分析（XPS）表明，氧化脱肟反应中产生的次硝酸可被进一步氧化，生成稳定的硝酸根（NO_3^-）[59]。在该反应中，亚硒酸物种与底物肟碳正电中心的亲核加成是关键步骤，而电负性较高，并且位阻较小的苄基硒，有利于发生该反应。因此，对于硒催化氧化脱肟反应，二苄基二硒醚是较佳的催化剂前体。上述过程中硒催化物种的转变可通过[77]Se NMR 证实。例如，使用二苯基二硒醚作为催化剂前体，则利用[77]Se NMR 测试手段，可在反应体系中捕捉到苯基次硒酸（化学位移 1056 ppm）与苯亚硒酸（化学位移 1181 ppm），与文献报道数据一致[60]。

有趣的是，在直接使用苄基亚硒酸作催化剂，并添加少量硫酸亚铁作助催化剂的情况下，氧化脱肟反应可以完全使用空气作氧化剂，而无须添加过氧化氢，从而使得工艺更加安全、廉价（图式 4 – 18）[61]。对比实验结果表明，在无铁盐的条件下，空气中 60℃ 下将二苄基二硒醚加热 24 小时，有 76% 的硒被氧化到 + 4 价（通过 XPS 分析测试确定），而加入铁盐后重复该实验，体系中 + 4 价硒的比例可显著提升到 96%。这一结果充分表明，在该反应中，铁作为有可变价态金属，其作用就是促进空气将低价硒氧化为高价，从而避免硒催化剂因过度还原生成稳定的二硒醚而失效[9]。此外，加入铁盐后，XPS 测试结果中硒出峰位置发生了迁移，这表明了在该体系中硒—铁之间存在相互作用，从而可能对催化剂的性能有一定的影响[61]。

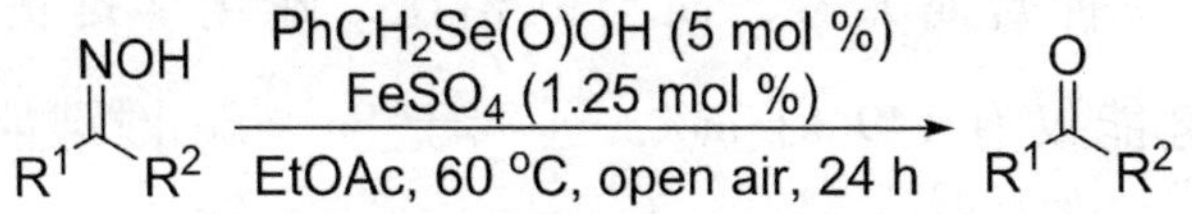

$$\underset{R^1 \quad R^2}{\overset{NOH}{\|}} \xrightarrow[\text{EtOAc, 60 °C, open air, 24 h}]{\overset{\text{PhCH}_2\text{Se(O)OH (5 mol \%)}}{\text{FeSO}_4 \text{ (1.25 mol \%)}}} \underset{R^1 \quad R^2}{\overset{O}{\|}}$$

图式 4 – 18　硒 – 铁催化的氧化脱肟反应

如图式 4 – 19 所示，在该反应中，催化剂苄基亚硒酸首先与底物肟加成，产生中间体 **4 – 28**，继而分解释放出产物并产生硒 – 氮中

间体 **4 – 29**。该中间体进一步分解产生的苄基亚硒酸是活性物质，与
其氧化反应相比，它更容易被体系中的有机物还原为稳定的二硒醚，
从而导致催化剂失活。铁具有可变价态（二价或三价），可通过单电
子转移的方式发生氧化还原反应，从而在低价硒与空气（氧）之间
起到桥梁的作用，能够协助加速空气氧化苄基亚硒酸的过程，从而
避免催化剂失活，并实现在无须使用过氧化氢的条件下，完全利用
空气作氧化剂的硒催化氧化脱肟反应[61]。

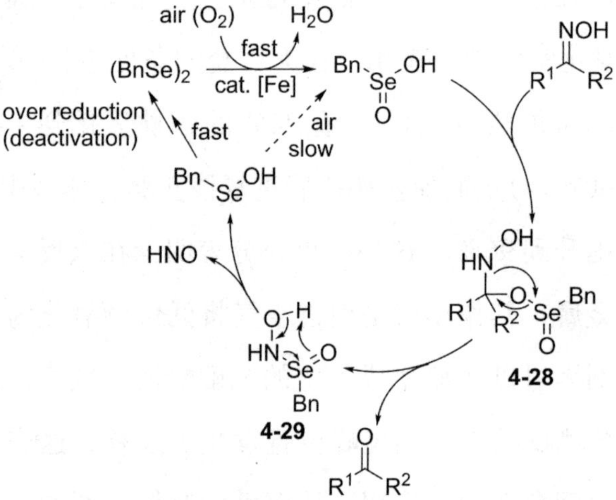

图式 4 – 19　硒 – 铁催化的氧化脱肟反应机理

　　碲也是一种硫属元素，而与硒相比，碲化学键更弱。例如，
Te – Te 键键能仅有 149 kJ/mol，远低于 Se – Se 键键能（192 kJ/
mol）。因此，碲化合物比硒化合物更加活泼。最近，我们发现，使
用易得的二苯基二碲醚（有商品可购）作催化剂催化的氧化脱肟反
应，可在无须使用过氧化氢和溶剂的条件下发生（图式 4 – 20）[59]。
该反应使用氧气（用气球供气）作氧化剂而无须添加铁盐助剂，比

硒催化氧化方法更加经济、环保、安全。

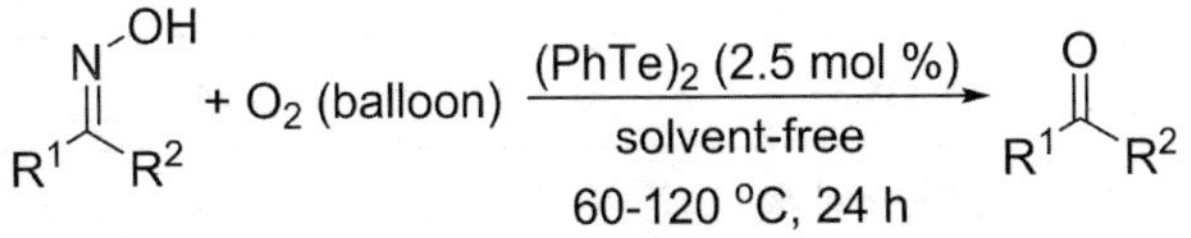

图式 4 - 20 碲催化的氧化脱肟反应

对比实验研究结果表明，该反应使用氧气作氧化剂（表 4 - 10，序号 1），而过氧化氢作为强氧化剂，其效果反而较差（表 4 - 10，序号 2），可能是由于强氧化体系将碲催化剂氧化到最高价态，反而不利于进一步反应所致。通过添加自由基引发剂偶氮二异丁腈（AIBN），可以使得反应加速，在 6 小时内就可达到 85% 的产物产率（表 4 - 10，序号 3 vs. 4）。与此同时，加入自由基扫除剂 2，2，6，6 - 四甲基哌啶氮氧化物（TEMPO），则可以很好地抑制反应（表 4 - 10，序号 5）。与有机硒催化不同，在该反应体系中加入路易斯酸催化剂（如三氟甲磺酸镱），并不能促进反应（表 4 - 10，序号 6 ~ 8）。这些结果充分说明了碲催化氧化脱肟反应是通过与硒催化反应完全不同的自由基机理发生的。此外，对催化剂物种的 XPS 分析研究表明，碲的价态在 +2 与 +4 价之间切换[59]。

表 4 - 10 有机碲催化脱肟对比实验 [a]

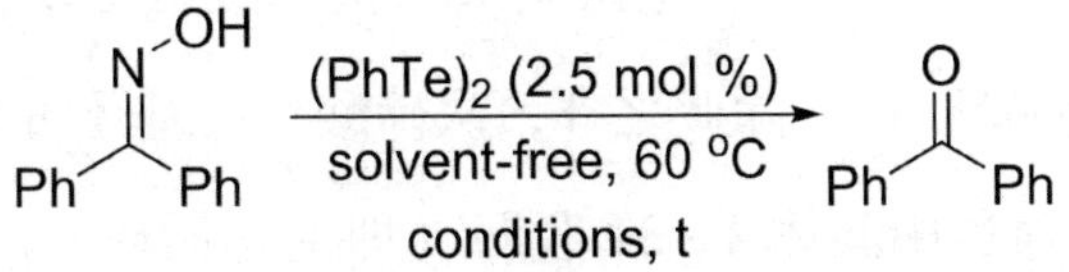

序号	反应条件	反应时间 （h）	产率 （%）[b]
1	N_2	24	8
2	H_2O_2（100 mol %），N_2	24	18
3	AIBN（100 mol %），O_2	6	85
4	O_2	6	12
5	TEMPO（100 mol %），O_2	24	23
6	Yb（OTf）$_3$（1 mol %），O_2	24	92
7	Yb（OTf）$_3$（1 mol %），Air	24	35
8	Yb（OTf）$_3$（1 mol %），O_2	6	10

[a] 无特殊说明，反应使用 1 mmol 二苯甲酮肟、0.025 mmol （PhTe）$_2$ 以及 1 mL 溶剂（或无溶剂）；[b] 基于二苯甲酮肟用量计算的分离产率

根据上述实验结果，并结合已知文献，不难推论出如图式 4 – 21 所示机理。在该反应中，二苯基二碲醚暴露于纯氧中加热，容易被氧化产生次碲酸酐（PhTeOTePh）[62]。该物种中 Te – O 键较弱，在加热条件下容易发生均裂产生次碲酸自由基。该自由基易被氧气氧化为亚碲酸自由基，与底物肟进一步加成，可生成中间体 **4 – 30**。该自由基中间体通过分解可产生次硝酸、次碲酸自由基，并生成脱肟产物（即催化循环 A）。除此之外，次碲酸自由基还可直接与肟发生自由基加成，通过中间体 **4 – 31** 脱肟（即催化循环 B）。XPS 分析研究表明，在该反应中，次硝酸最终可被氧化为稳定的硝酸根。

α – 羰基缩醛是一种有机合成中的重要中间体。缩醛反应被广泛

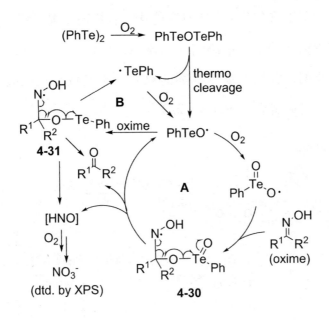

图式 4 – 21　碲催化的氧化脱肟反应机理

用于合成醛类的保护基团以及修饰药物和天然产物。乙缩醛结构广泛存在于高分子聚合物和功能材料中[63]。然而，目前制备乙缩醛的方法一般步骤烦琐或产物收率低，通常使用化学氧化剂或使用高刺激性试剂，将会带来一系列的环境问题以及安全问题（图式 4 – 22）[64-66]。由甲基酮直接合成 α – 羰基缩醛是一个高原子利用率的合成路径。尽管甲基酮的 α – C – H 被相邻的吸电子基团 C＝O 活化，但是因为引入的烷氧基作为供电子基团可能会降低第二次烷氧基化反应的中间体的反应性活性，在温和的反应条件下同时向反应位点引入双烷氧基还是较为困难的。因此，在许多之前的工作中，实现上述转化通常需要强的化学氧化剂和较为苛刻的反应条件。有机硒化合物具有非常强的催化活性，故而可以通过有机硒催化技术来解决温和条件下羰基邻位 C – H 双官能化，合成 α – 羰基缩醛。在该反应中，使用独特的硒、铜协同催化体系，可以在乙醇溶剂中使用氧气作为氧化剂，轻松实现甲基酮的双 α – H 烷氧基化反应，以高收率生产 α – 羰基缩醛（图式 4 – 22）[67]。

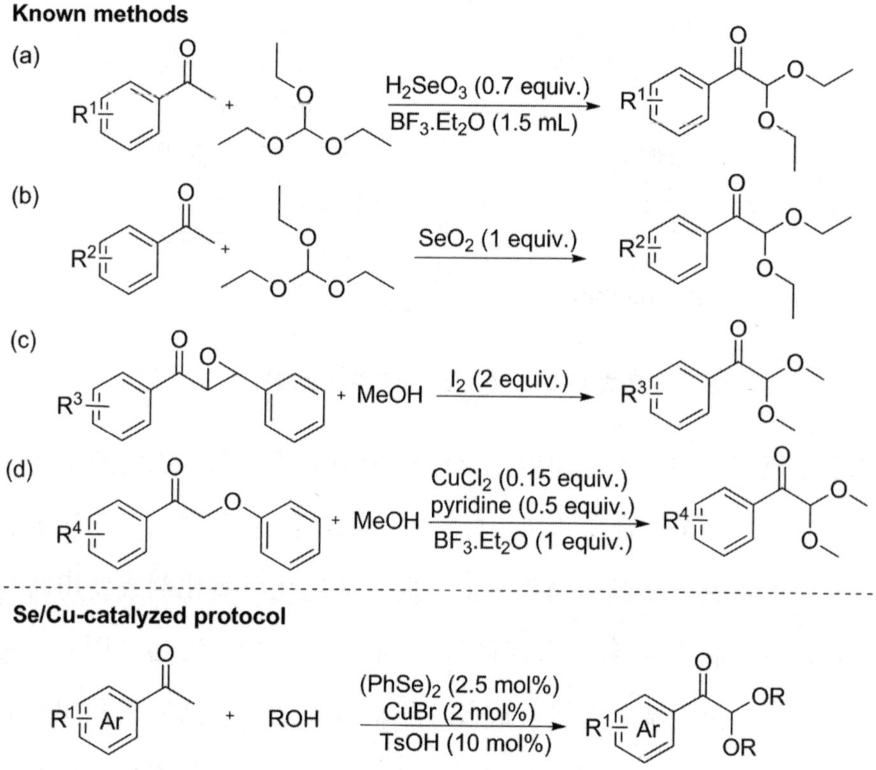

Known methods

Se/Cu-catalyzed protocol

图式 4 – 22　α – 羰基缩醛的制备方法

我们首先尝试了苯乙酮与乙醇在 Cu（OAc）$_2$ 和对甲苯磺酸（TsOH）催化下的反应。在该反应中，使用氧气为氧化剂，在 130℃ 加热下反应 7 小时后并没有新产物生成（表 4 – 11，序号 1）。即使将反应时间延长到 48 小时，也难以使反应发生（表 4 – 11，序号

2)。这表明，虽然该反应中有氧气作氧化剂，铜作为氧转移催化剂也难以使得底物被氧化。因而，需要添加更好的氧转移试剂用于"运载"氧，以促进反应的发生。由于硒化合物催化氧化反应时所表现出的超强催化能力，我们尝试引入 5 mol% 的苯亚硒酸作催化剂。反应 7 小时后，成功以 65% 的收率得到期望的 α - 羰基缩醛产物（表 4 - 11，序号 3）。该反应在无铜条件下也可发生，但反应速率明显降低（表 4 - 11，序号 4），从而表明了铜在催化体系中是一个必要的组分，可加速反应。如若使用二苯基二硒醚作催化剂前体，在无铜条件下，反应速率会更进一步下降（表 4 - 11，序号 5），这表明了铜可能与催化氧化二硒醚前体生成活性的高价硒物种有关。酸性反应条件是一个重要的因素，在无对甲苯磺酸的条件下，反应产率降至 15%（表 4 - 11，序号 6），而如同时使用无酸性的二硒醚作催化剂前体，则反应难以发生（表 4 - 11，序号 7）。进一步实验表明，溴化亚铜具有最佳的催化效果，可将反应产率提高到 80%（表 4 - 11，序号 11 vs. 3，8 ~ 10）。催化剂用量对反应影响不大（表 4 - 11，序号 12 ~ 14）。随着温度降低，产物的产率迅速下降（表 4 - 11，序号 15）。此外，在溴化亚铜的存在下，二苯基二硒醚也可以用作催化剂，并且产物收率不会下降（表 4 - 11，序号 16）。

表 4 - 11　硒/铜催化苯乙酮 α - C - H 缩醛化反应条件筛选实验 [a]

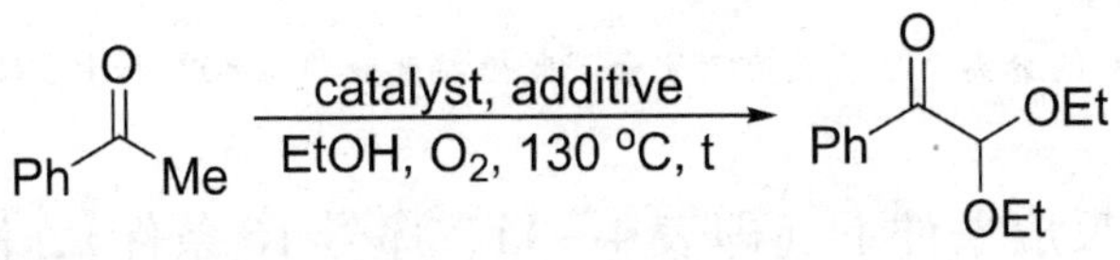

序号	催化剂，助剂[b]	反应时间（h）	产率（%）[c]
1	Cu（OAc）$_2$，TsOH	7	0 [d]
2	Cu（OAc）$_2$，TsOH	48	0 [d]
3	PhSe（O）OH，Cu（OAc）$_2$，TsOH	7	65
4	PhSe（O）OH，TsOH	48	65 [d]
5	（PhSe）$_2$，TsOH	48	29 [d]
6	PhSe（O）OH，Cu（OAc）$_2$	7	15 [d]
7	（PhSe）$_2$，Cu（OAc）$_2$	7	0 [d]
8	PhSe（O）OH，Cu（TFA）$_2$，TsOH	7	64
9	PhSe（O）OH，CuTc，TsOH	7	56
10	PhSe（O）OH，Cu$_2$O，TsOH	7	61
11	PhSe（O）OH，CuBr，TsOH	7	80
12	PhSe（O）OH，CuBr（1 mol%），TsOH	7	61
13	PhSe（O）OH（2.5 mol%），CuBr，TsOH	7	71
14	PhSe（O）OH，CuBr，TsOH（2.5 mol%）	7	62
15	PhSe（O）OH，CuBr，TsOH	7	33，47 [e]
16	（PhSe）$_2$，CuBr，TsOH	7	81

[a]无特殊说明，反应使用 1 mmol 苯乙酮和 3 mL 乙醇溶剂，在充满氧气的密封反应管中进行；[b]无特殊说明，反应使用 2 mol% 的铜催化剂，5 mol% 的苯亚硒酸或 2.5 mol% 的二苯基二硒醚以及 10 mol% 的一水合对甲苯磺酸（TsOH·H$_2$O）添加剂；[c]基于苯乙酮用量计算的分离产率；[d]反应未完全；[e]反应温度分别为 80℃和 100℃

在最佳反应条件下（即表 4-11，序号 16 条件），使用一系列甲基酮作为底物，可合成相应的 α-羰基缩醛。以甲基作为较弱的电子给体引入到底物苯环上，对反应几乎没有影响（表4-12，序号2~4 vs.序号1），而引入甲氧基这种强推电子基团会使得反应产率下降（表4-12，序号5）。带有吸电子基团的底物也可顺利地被高产率转化为相关的α-羰基缩醛（表4-12，序号6~9），并且该反应对带有较大位阻基团的底物同样有效（表4-12，序号10）。反应对碳碳双键和杂环都较兼容（表4-12，序号11~16）。对于含有双甲基酮部分的底物，其两个甲基都可以转化为乙缩醛（表4-12，序号17）。

表4-12 硒/铜催化羰基α-C-H缩醛化反应底物扩展实验[a]

$$R^1\text{—C(=O)—Me} \xrightarrow[\text{EtOH, O}_2\text{, 130 °C, t}]{\substack{\text{(PhSe)}_2\text{ (2.5 mol\%)} \\ \text{CuBr (2 mol\%)} \\ \text{TsOH (10 mol\%)}}} R^1\text{—C(=O)—CH(OEt)}_2$$

序号	R^1	反应时间（h）	产率（%）[b]
1	Ph	7	81
2	$4-MeC_6H_4$	6	78
3	$3-MeC_6H_4$	6	74
4	$2-MeC_6H_4$	6	80
5	$3-MeOC_6H_4$	12	48
6	$4-ClC_6H_4$	8	68
7	$3-ClC_6H_4$	7	72
8	$4-BrC_6H_4$	8	80

序号	R^1	反应时间（h）	产率（%）[b]
9	$4-NO_2C_6H_4$	8	58
10	$2-C_{10}H_7$	5	72
11	$PhCH=CH_2$	9	65
12	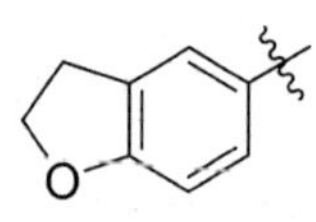	9	79
13	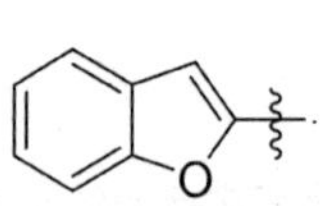	9	81
14	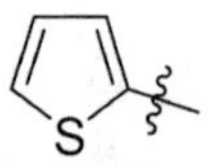	9	78
15	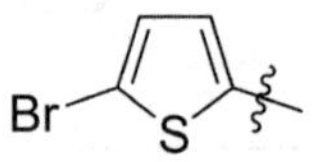	9	81
16	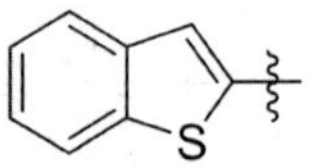	9	85
17	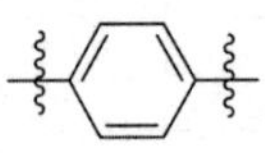	9	85

[a] 无特殊说明，反应使用 1 mmol 苯乙酮和 3 mL 乙醇溶剂，并在充满氧气的密封反应管中进行（具体反应条件见表 11，序号 16）；[b] 基于甲基酮用量计算的分离产率

此外，对反应中所使用醇的拓展性实验表明，链状醇类，例如

甲醇、乙醇、正丙醇，甚至碳链较长的正辛醇，都可以顺利地参与反应，以较高产率生成相应的 α - 羰基缩醛（表 4 - 13，序号 1 ~ 4）。支链结构的醇类（如异丙醇和叔丁醇），则不适合发生该反应（表 4 - 13，序号 5 ~ 6）。同时，活性较高的苯甲醇，对于该反应，也并不适用（表 4 - 13，序号 7）。这些反应的失败可能与其醇类空间位阻过大有关。

表 4 - 13　硒/铜催化羰基 α - C - H 缩醛反应中醇类扩展实验 [a]

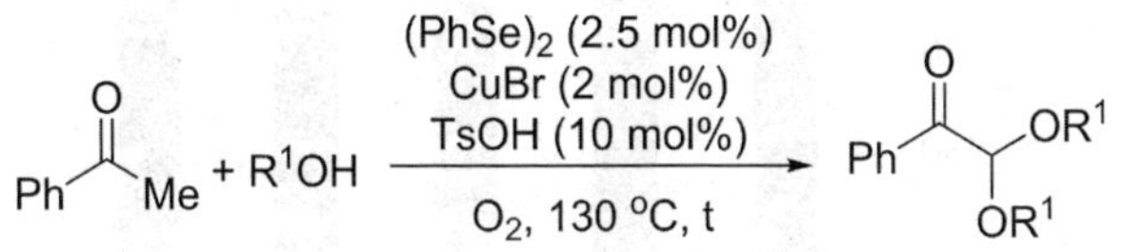

$$\text{Ph}\overset{\text{O}}{\underset{}{\overset{|}{C}}}\text{Me} + \text{R}^1\text{OH} \xrightarrow[\text{O}_2, 130\ ^{\circ}\text{C, t}]{\substack{\text{(PhSe)}_2\ (2.5\ \text{mol\%}) \\ \text{CuBr}\ (2\ \text{mol\%}) \\ \text{TsOH}\ (10\ \text{mol\%})}} \text{Ph}\overset{\text{O}}{\underset{\text{OR}^1}{\overset{|}{C}}}\overset{\text{OR}^1}{\underset{}{}}$$

序号	R^1	反应时间（h）	产率（%）[b]
1	Me	7	78
2	Et	7	81
3	n - Pr	9	74
4	n - Octyl	9	82
5	i - Pr	9	trace
6	t - Bu	9	trace
7	PhCH$_2$	9	trace

[a] 无特殊说明，反应使用 1 mmol 苯乙酮和 3 mL 乙醇溶剂，并在充满氧气的密封反应管中进行（具体反应条件见表 11，序号 16）；[b] 基于苯乙酮用量计算的分离产率

　　苯乙酮作底物的反应，可以成功地放大到 100 mmol 的规模而保持较高的产率（图 4 - 3）。在反应中，可以通过蒸馏将过量的乙醇

和产物从体系中分离，而残留物作为催化剂循环使用。该复合催化剂体系可以重复使用至少五次，而产物收率并没有明显下降（图4-3）。

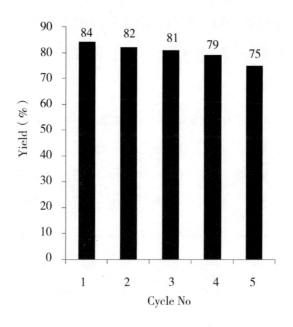

图4-3　硒/铜催化剂的循环利用

　　我们进行了一系列对比实验以进行反应机理研究。首先，作为自由基扫除剂，2，2，6，6-四甲基哌啶（TEMPO，100 mol%用量）可以完全抑制反应，从而确证了反应中有自由基中间体产生[67]。1-甲氧基-1-苯基乙烯作为苯乙酮烯醇式的稳定类似物，在酸性反应条件下，同样可被顺利转化为α-羰基缩醛（图式4-23，反应a），而在无对甲苯磺酸的条件下，该反应则完全无法发生（图式4-23，反应b）。上述实验结果进一步表明了，对甲苯磺酸作为强酸，通过质子化使得该底物甲氧基转变为羟基非常重要，将有

76

利于后续硒－氧消除反应的发生。

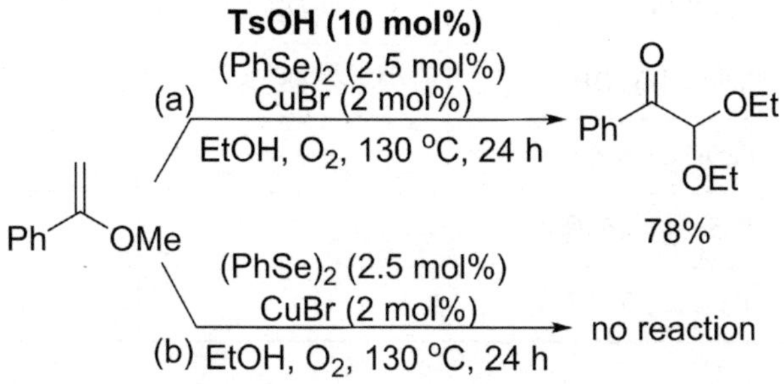

图式 4 - 23 1 - 甲氧基 - 1 - 苯基乙烯在有/无对甲苯磺酸条件下的反应

酸性环境对该反应的影响很大。苯亚硒酸呈弱酸性，而二苯基二硒醚不显酸性。因此，在不加入对甲苯磺酸酸助剂的情况下，使用苯亚硒酸作为催化剂依然可以得到少量的产物，而使用二苯基二硒醚作为催化剂则完全无法使反应进行（表 4 - 14，序号 1 vs. 2）。使用酸性较弱的醋酸代替对甲苯磺酸，反应产率明显下降（表 4 - 14，序号 3），而使用更强的三氟甲磺酸，则反应产率亦有所下降（表 4 - 14，序号 4）。反之，使用碱性催化剂，则反应无法发生（表 4 - 14，序号 5）。

表 4 - 14 酸性环境对硒/铜催化羰基 α - C - H 缩醛化反应的影响 [a]

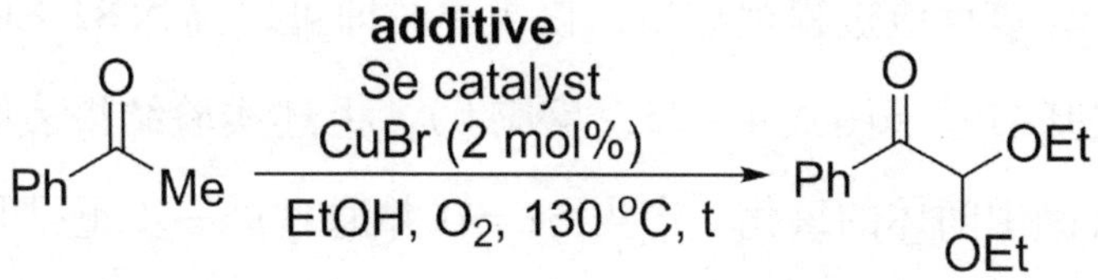

序号	硒催化剂，助剂 [b]	反应时间（h）	产率（%）[c]
1	(PhSe)₂	48	0
2	PhSe (O) OH	48	15
3	(PhSe)₂，AcOH	7	18
4	(PhSe)₂，TfOH	7	53
5	(PhSe)₂，KOH	7	0

[a]无特殊说明，反应使用 1 mmol 苯乙酮和 3 mL 乙醇溶剂，并在充满氧气的密封反应管中进行；[b]无特殊说明，反应使用 2 mol% 的铜催化剂，5 mol% 的苯亚硒酸或 2.5 mol% 的二苯基二硒醚以及 10 mol% 的添加剂；[c]基于苯乙酮用量计算的分离产率

　　有趣的是，在没有醇类参与的反应中，苯乙酮可被氧化成中间体 **4－32**，并进一步缩合，生成二聚物 **4－33**（图式 4－24，反应 a）。如使用化学剂量的二苯基二硒醚，在无醇条件下，则可分离得到含硒中间体 **4－34**（图式 4－24，反应 b）。上述实验结果表明，反应可能经历 **4－32** 与 **4－34** 中间体。

　　含硒中间体 **4－34** 在不加铜催化剂的情况下反应 48 小时可以68% 的产率生成 α－羰基缩醛（图式 4－25，反应 a），而在溴化亚铜的促进下，该反应进程被加快，仅 4 小时即可以高达 82% 的产率生成 α－羰基缩醛（图式 4－25，反应 b）。上述实验结果表明，铜可以加速含硒中间体的氧化，产生 Se＝O 并通过进一步重排与消除反应生成最终产物。在 X 射线光电子能谱（XPS）中，可清晰观察到表征 Se＝O 的四价硒物种[54]。

　　根据上述实验结果和文献报道，可推导出该反应可能的反应机

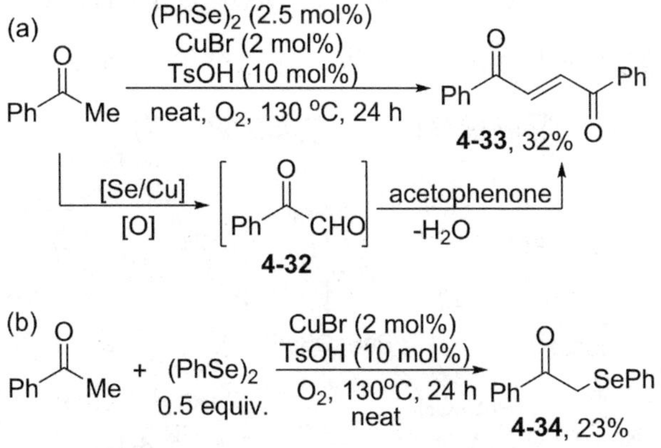

图式 4 - 24　苯乙酮在无醇溶剂条件下的反应

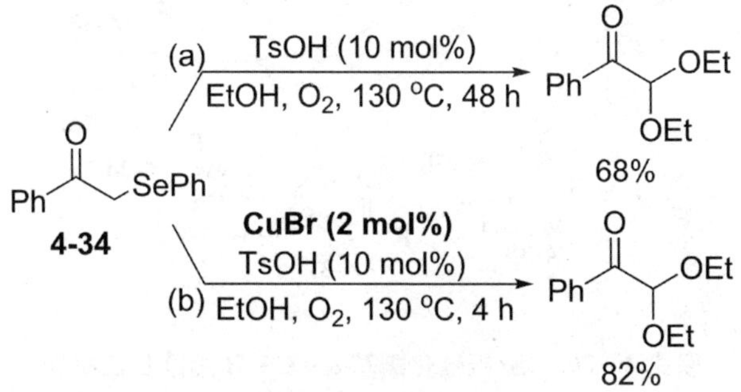

图式 4 - 25　中间体 4 - 34 在有/无铜助催化剂存在下的反应

理（图式 4 - 26）。在铜的催化下，二苯基二硒醚可被氧气氧化得到苯次硒酸酐（PhSeOSePh）[51,62]。另一方面，在对甲苯磺酸导致的酸性反应条件下，甲基酮（以苯乙酮为例）可重排成烯醇形式，并与 PhSeOSePh 发生自由基加成反应，生成中间体 4 - 35。该中间体会重排为更加稳定的中间体 4 - 36，并通过硒氧消除反应脱去一分子次硒酸，同时生成中间体 4 - 34[52,53]。在铜的催化下，中间体 4 - 34 可被

氧化为 **4 – 37**，并通过 Pummerer 反应重排为中间体 **4 – 38**[68,69]。中间体 **4 –38** 被进一步氧化为 **4 –39**，并通过硒氧消除产生 **4 –32**，与体系中的醇缩合，形成最终的 α – 羰基缩醛产物。

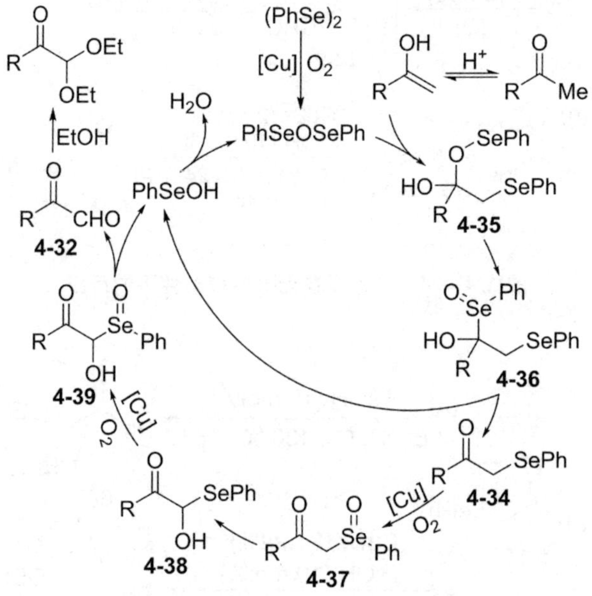

图式 **4 – 26**　硒／铜催化羰基 α – C – H 缩醛反应机理

　　由上述可知，有机硒催化氧化技术应用范围广泛，目前已被成功应用于烯烃环氧化反应、二羟化反应、氧化裂解反应、亚烃基环丙烷氧化扩环反应、醛酮 Baeyer Villiger 氧化反应以及肟脱水与氧化脱肟反应等方面，为合成相关精细学品与化工中间体如 1，2 – 二醇、环氧化合物、羰基化合物、烯酯、环丁酮、有机腈等提供了清洁高效的合成方法，有潜在的工业应用价值。在这些反应中，利用硒的易氧化性以及 Se – O 键较弱的特性，可以将氧源中的氧，在温和条件下，成功地转移到目标分子中，实现氧化。因而硒催化氧化过程就是一个"氧转移"的过程，可使用清洁的过氧化氢，甚至是分子氧为氧源，而后者显然更加廉价、安全。其中，以空气作氧化剂的硒催化氧化过程，将是未来该技术工业化发展的重要方向。

然而，在化工领域，一些产品的经济附加值较低，从而对生产工艺的成本控制要求极高。虽然硒价格便宜，但用作硒催化剂的相关有机硒化合物，对于化工生产来说，成本仍然较高，需要通过回收套用来降低催化剂成本。虽然在上述均相有机硒催化反应中，已经有部分反应的硒催化剂可回收利用，但相关技术仍然存在一些局限性。例如，通过蒸馏产品与溶剂回收利用硒催化剂残渣，由于反应体系使用了过氧化物，存在着一定的安全风险，难以应用于工业级生产；通过萃取法回收硒催化剂，存在催化剂损失率高，并且有使用有机萃取剂的缺点；在靛红酸酐制备中，产物通过结晶加以分离，而母液连同其中所溶解的硒催化剂可回收利用，但该方法对产品物化性能要求高，应用范围狭窄。因此，进一步开发新型非均相硒催化材料，以便于硒催化剂回收利用，是符合工业应用需求的实用技术。相关工作将在下一节展开论述。

四、含硒催化剂材料

与均相催化剂相比，非均相催化剂更容易回收，从而可降低其使用成本。因此，从工业应用角度考虑，在均相催化的技术基础上，发展相关非均相硒催化技术，有利于工业化推广，有很好的实际应用价值。如前所述，在硒催化反应中，硒酸类物种（含亚硒酸、过氧亚硒酸、次硒酸等）是催化活性物质。因此，开发固载硒酸衍生物，是发展非均相含硒催化材料的一个可行思路。实际上，固载化硒酸衍生物并非新物质。在固相合成领域，基于硒元素的固相合成中，固载硒酸通常作为一种废弃物，在合成路线末端产生。

例如，在我们课题组开发的异恶唑修饰苯并呋喃类衍生物的固相合成路线中（图式 4 - 27）[70]，以烯丙基取代的间二酚 4 - 40 为初始原料，通过其双键与聚苯乙烯负载硒溴 4 - 41 的亲电加成以及邻位酚羟基的亲核关环可构建苯并呋喃骨架，从而合成固相含硒中间体 4 - 42。该中间体的另一个酚羟基与炔丙基溴发生 S_N2 亲核取代反应，生成炔基化中间体 4 - 43。通过炔基与肟的进一步环化，可构建异恶唑杂环，生成中间体 4 - 44。其中，中间体 4 - 42 ~ 4 - 44 作为不溶的官能高聚物，可通过过滤的方法加以分离，并通过洗涤法非常方便地除去副产物与杂质。最终，利用过氧化氢氧化中间体 4 - 44 上的硒，并通过加热，可通过硒氧消除使得杂环小分子 4 - 45 掉落，而与高聚物分离。在这一过程中，含硒高聚物最终被转化为聚苯乙烯负载硒酸 4 - 46。该物质可通过还原溴化等步骤重新转化为固载硒溴 4 - 41，实现再利用。

受上述固相合成工作的启发，我们设计制备了聚苯乙烯负载硒酸催化材料（图式 4 - 28）[71]。该材料由 1% 交联聚苯乙烯微球为基础原料合成。将之在环己烷中彻夜浸泡活化后，可与正丁基锂反应，产生锂化聚苯乙烯材料 4 - 47。锂化后的聚苯乙烯具有较强反应活性，可与二甲基二硒醚发生加硒化反应，生成固载硒 4 - 48。通过溴化，可将固载硒 4 - 48 转化为高活性的聚苯乙烯负载硒溴 4 - 41，而

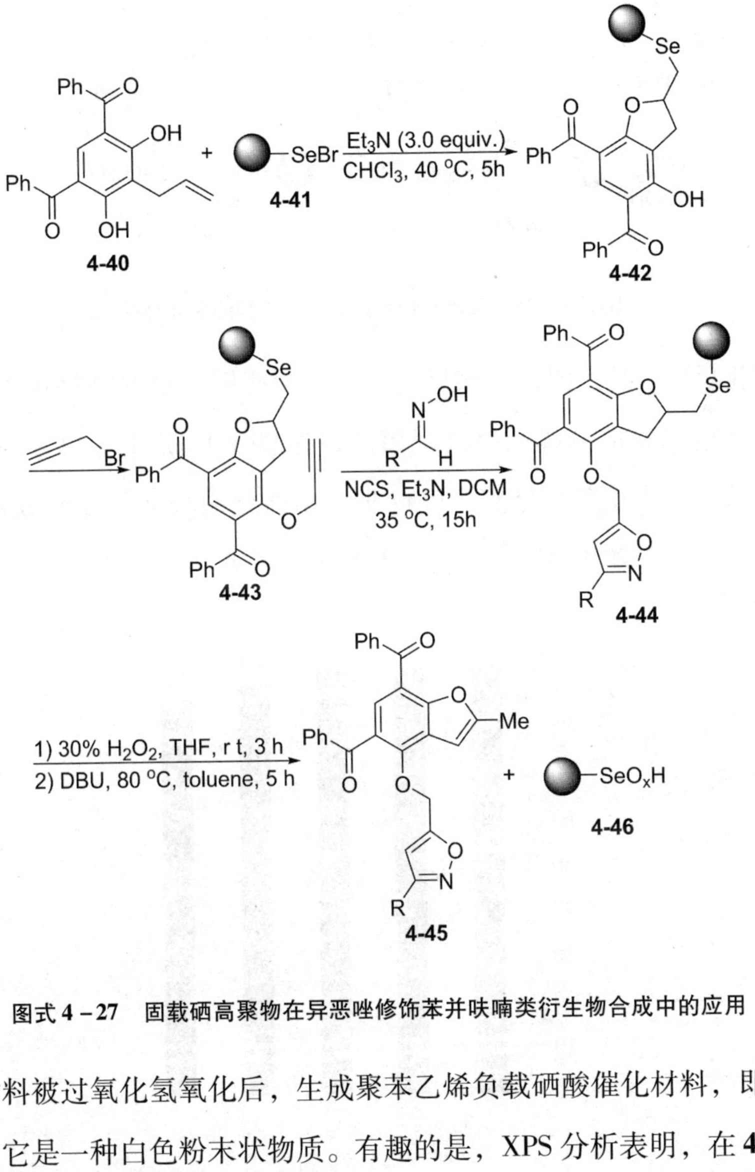

图式 4 – 27 固载硒高聚物在异恶唑修饰苯并呋喃类衍生物合成中的应用

该材料被过氧化氢氧化后，生成聚苯乙烯负载硒酸催化材料，即 **4 –
46**，它是一种白色粉末状物质。有趣的是，XPS 分析表明，在 **4 – 46**
中，硒以 +6 和 +4 价形式存在，而其中 +6 价硒，在小分子含硒化
合物中较罕见[71]。

该催化剂可应用于环己烯氧化制备 1，2 – 环己二醇[71]。与均相

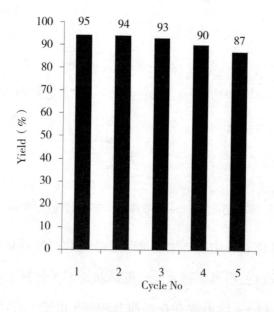

图式 4 – 28 聚苯乙烯负载硒酸催化剂的合成路线

硒催化反应[9,33]不同，在该反应中，无须使用过量的过氧化氢，即可以高达95%的分离产率（气谱产率为99%）获得1，2 – 环己二醇。通过过滤或离心分离，可将非均相催化剂分离，并回收利用。该催化剂可重复利用至少5遍而不失活（图4 – 4）。

图 4 – 4 回收后的聚苯乙烯负载硒酸催化剂催

化环己烯二羟化反应效果

在反应中，减少过氧化氢用量至环己烯的 50 mol%，依然可以以 70% 的产率得到 1，2 - 环己二醇产物，超过其理论最大值（即 50%）。如若隔绝空气（在氮气中进行），则上述反应 1，2 - 环己二醇产率会下降到 49%。此外，不使用过氧化氢氧化剂，仅仅在空气中加热反应体系，亦可以 18% 的产率生成 1，2 - 环己二醇。上述控制实验结果表明，在聚苯乙烯负载硒酸催化下，空气亦可参与到该反应中，从而使得该非均相催化方法无须如均相硒催化那样使用过量的过氧化氢氧化剂，降低了反应成本，并使得工艺更加安全。对使用过的催化剂材料的 XPS 分析表明，其中硒主要以 +6 价与 +2 价物种形式存在[71]。这两种价态的活性硒在小分子化合物中难以共存，容易发生归中反应，生成稳定的 +4 价硒（如亚硒酸、过氧亚硒酸等），而在高分子材料中，可能由于活性物种被高分子材料束缚而不能自由活动的缘故，归中反应难以发生。同时，也正是由于活性硒物种的存在，使得催化剂活性大增，从而甚至可活化空气中的氧分子氧化环己烯。上述研究结果表明，非均相硒催化剂不仅易于回收利用，还可能利于开发更加廉价、安全的硒催化空气氧化方法。

聚苯乙烯负载硒酸 4 - 46 是一种高效的非均相硒催化剂，不仅便于回收利用，还可利用氧气作为部分氧化剂，从而减少过氧化氢用量，有潜在的工业应用价值。然而，该催化剂的制备步骤非常烦琐，并且在制备过程中需要使用一些危险的试剂，如易燃的正丁基锂、易挥发、有恶臭并不稳定的二甲基二硒醚以及强氧化剂溴与过氧化氢（图式 4 - 28）。此外，该催化剂的制备过程中还会产生许多废弃物。这些缺点都限制了其大规模应用。因此，开发更加易制备的非均相硒催化剂材料，解决上述问题，迫在眉睫。

硒粉价格便宜，被硼氢化钠还原可生成硒氢化钠［即 NaHSe，图式 4-29，反应式（1）］。该物质是一种强硒化试剂，同时也是双亲核试剂。另一方面，二卤代烃（dihalo genated hydrocarbon）含有两个可离去的卤素基团，与双亲核试剂硒氢化钠反应，可生成聚合物，即聚硒醚 **4-49**［图式 4-29，反应式 2］。研究发现，该聚硒醚可催化烯烃的氧化裂解反应，其中，利用对二苄氯与硒氢化钠反应合成的聚硒醚催化效果最佳［图式 4-29，反应式 3］[72,73]。

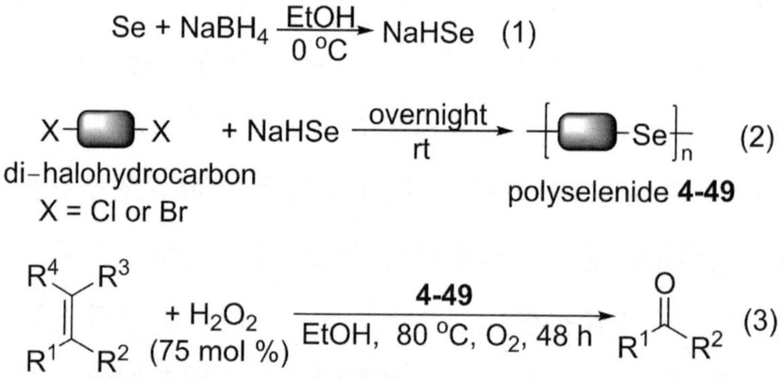

$$Se + NaBH_4 \xrightarrow[0\ ^\circ C]{EtOH} NaHSe \quad (1)$$

图式 4-29　聚硒醚的合成路线及其催化烯烃氧化裂解反应

与均相硒催化烯烃氧化裂解反应相比，在聚硒醚催化的反应中，过氧化氢用量可大幅度减少到不足量（75 mol%），而使用氧气作为补充氧化剂（图式 4-29，反应式 3）。此外，控制实验结果表明，该反应是通过自由基机理进行，而非常见的离子反应[73]。如图式 4-30 中 A 部分所示，在反应中，聚硒醚可被过氧化氢氧化为氧化态（oxidation state），而其羟基由于 Se-O 键的受热均裂掉落产生羟基自由基，并使得催化剂转变为自由基态（radical state）。自由基态的硒催化剂可从水中夺氢，产生羟基，并转化为含有硒－氢结构的状态（Se－H state）。硒－氢结构具有很强的还原性，容易被过氧化氢或氧气氧化为硒－羟基结构，从而使得催化剂回复到氧化态中。上述一系列转变，会产生大量的羟基自由基[73]。另一方面，图式4－30中B部分则描述了烯烃氧化裂解反应机理。高活性羟基自由基可以与烯烃加成，产生自由基中间体**4－50**，随后与过氧化氢的反应会产生1，2－二醇**4－6**并生成另一分子羟基自由基。与均相硒催化烯烃氧化裂解反应[36]类似，1，2－二醇**4－6**可被进一步氧化为中间体**4－8**，并最终氧化成羰基产物[73]。

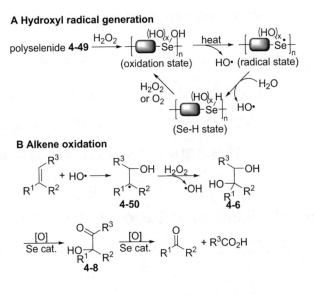

图式4－30　聚硒醚催化烯烃氧化裂解反应机理

　　与聚苯乙烯负载硒酸**4－46**相比，聚硒醚**4－49**中的硒被大位阻的碳骨架包围，故而在催化烯烃的反应中，它难以如聚苯乙烯负载硒酸一样，与底物烯烃直接接触（图4－5）。因此，该反应只能通过如图式 4 – 30 所示的自由基机理来进行，利用羟基自由基的高活性、低位阻来克服硒活性中心被碳骨架包围的不利因素，确保反应顺利发生[73]。

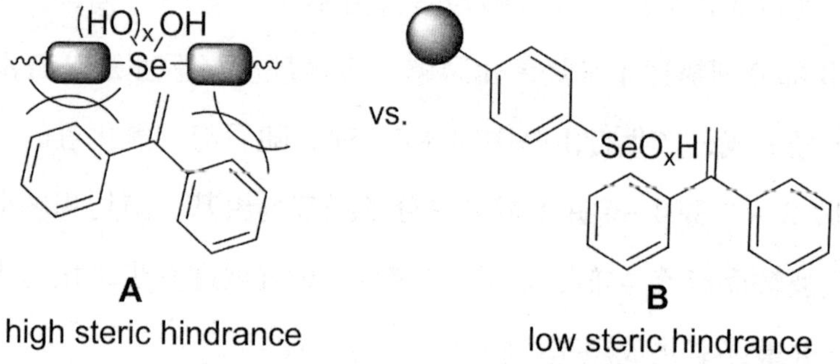
(HO)x OH
Se
vs.
SeOxH
A
high steric hindrance
B
low steric hindrance

图 4 – 5　聚硒醚与聚苯乙烯负载硒酸与烯烃反应位阻分析对比

与聚苯乙烯负载硒酸 **4 – 46** 相比，聚硒醚 **4 – 49** 的合成方法更加简便。然而，合成中所使用的二卤代烃原料具有一定的致癌性。因此，开发更加环保的路线合成新型硒催化材料，能够推进硒催化化学的进一步发展。糖类是廉价易得的天然产物，对生态安全。糖类分子中所含羰基，能够与亲核试剂硒氢化钠反应，而被硒化。例如，葡萄糖与硒氢化钠反应，可生成硒代葡萄糖（图式 4 – 31）。硒代葡萄糖在高温下煅烧脱水，能够合成含硒碳材料，即硒/碳（Se/C，**4 – 51**）[74]。

作为以天然生物质原料合成的碳材料，硒/碳具有很好的生物兼容性，而该材料所负载的硒，作为载氧催化剂，可催化过氧化氢氧化β – 紫罗兰酮。有趣的是，该反应表现出很好的区域专一性，即只生成环氧化物 **4 – 16**，而无 Baeyer – Villiger 氧化产物 **4 – 15** 产生。该

图式 4 – 31   硒/碳催化剂的合成路线

催化剂的效率很高，其转化数（Turnover Number，即 TON）最高可达到 3.9×10^5。此外，该氧化反应条件绿色环保，使用清洁的过氧化氢作氧化剂，并且在环境友好的乙酸乙酯溶剂中进行。作为非均相催化剂，硒/碳可通过离心分离从反应体系中回收，并加以重复使用。然而，重复使用的催化剂材料活性有所下降。扫描电镜照片表明，该催化剂使用后腐蚀较严重，可能导致硒活性位脱落，从而降低了材料的催化活性（图 4 – 6）[74]。

图 4 – 6   催化剂使用前后扫描电镜图：

（a）使用前的材料；（b）使用后的材料（图片源自文献[74]）

该反应的区域专一性是由催化剂结构所决定的。与均相硒催化剂相比，硒/碳催化剂位阻巨大，从而阻碍了其中的硒酸反应位点与 β – 紫罗兰酮羰基的亲核加成反应（图式 4 – 32，A 部分）。在强氧化氛围下，硒/碳催化剂上的硒反应位点被氧化为高价硒酸 **4 – 52** （–SeO$_3$H），其中硒具有很强的亲电活性，可与 β – 紫罗兰酮富电子的环内双键发生亲电加成反应，生成中间体 **4 – 53**，并关环形成 **4 – 54**。该中间体重排脱去环氧化产物 **4 – 16** 后，硒催化中心价态降低，生成 **4 – 55**。经过过氧化氢的进一步氧化，催化剂物种 **4 – 55** 又被氧化为高价硒催化剂 **4 – 52**，从而完成催化循环（图式 4 – 32，B 部分）。通过量化模拟计算，该反应过程整体是放热的（详见图式 4 – 32，B 部分），故而能够顺利发生[74]。

无机化合物中的含氧键也能被硒化。利用硒氢化钠处理三氧化二铁，可将之硒化，再经过氧化氢氧化，可制备以氧化铁为无机载体的固载硒酸催化剂（图式 4 – 33）。该催化剂具有较强催化活性，可催化烯烃氧化裂解反应[75]。利用无机氧化物做载体，有着价格低廉并且材料相对耐久的优点。

聚合物氮化碳（PCN）是今年来刚刚兴起的二维碳材料，能够催化水光解产氢[76,77]。因此，对该材料的研究，是新能源领域的前沿方向。PCN 可通过煅烧廉价的含氮化合物如尿素、三聚氰胺等来合成，成本低廉，因此，具有较好的工业应用前景。与传统的石墨烯材料不同，PCN 分子内含有氮，可与金属配位[78]，因此，除用作光催化剂外，利用其与金属的较强配位力，开发 PCN 负载金属催化剂，也是该材料的应用之一。

最近，我们课题组发现，在烧制 PCN 材料时掺入硒粉，可大大改善材料的性能，提高其比表面积与微孔体积，从而显著提高负载金属的催化性能[79]。例如，与普通聚合物氮化碳材料（由三聚氰胺

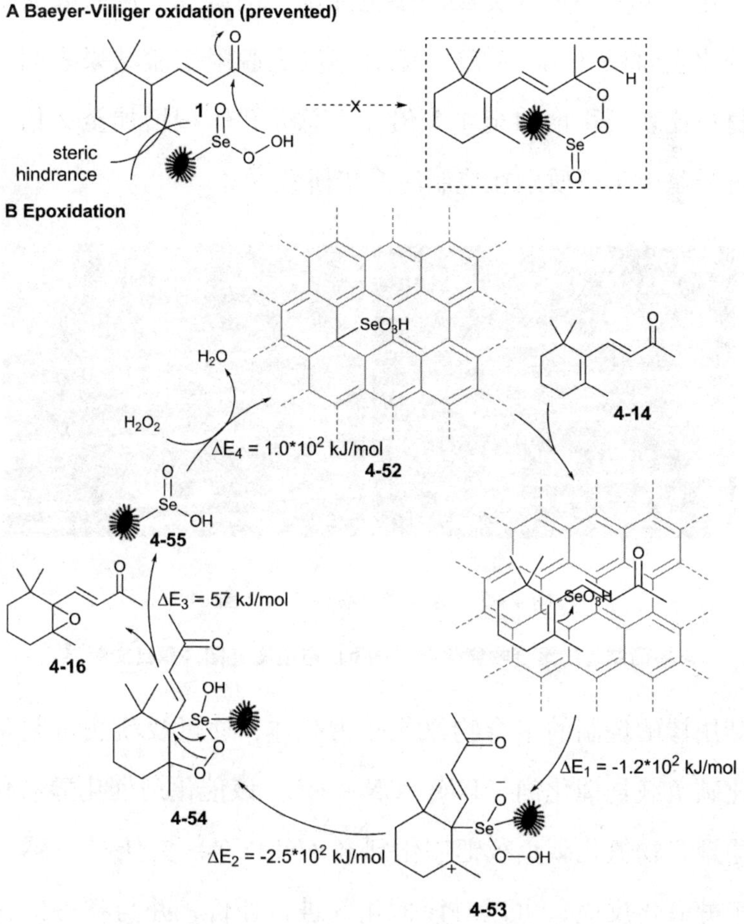

A Baeyer-Villiger oxidation (prevented)

B Epoxidation

图式 4-32 硒/碳催化 β-紫罗兰酮氧化机理分析

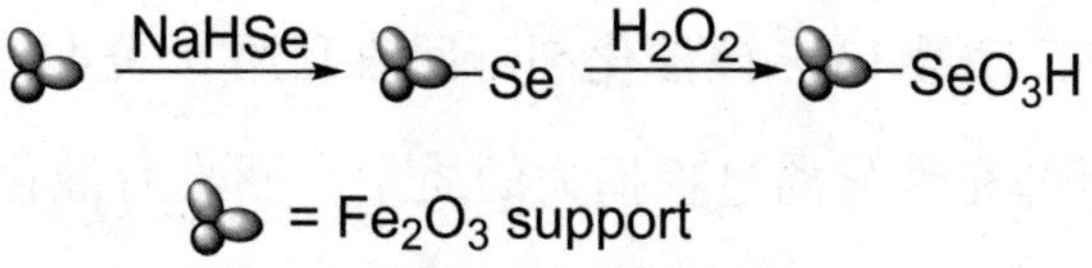

图式 4-33 硒化氧化铁催化剂的制备

500℃烧制）相比，掺硒后该材料在扫描电镜下的微观表面结构发生

明显变化，被进一步分裂成许多更加细小的微片，从而大大增加了
材料的比表面积（图4-7）。氮气等温吸脱附实验结果表明，掺硒
后该材料比表面积增加至4.5倍，而总介孔体积增加至2倍。这些
变化可能是由于单质硒在烧制时升华所致[79]。

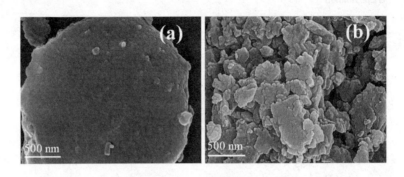

图4-7　普通聚合物氮化碳（图a）
与掺硒制备的聚合物氮化碳（图b）电镜图（图片源自文献[79]）

　　利用掺硒烧制的聚合物氮化碳为载体，通过浸渍法可制备聚合
物氮化碳负载钯催化剂（Pd@PCN-Se）。该催化剂催化醇氧化性能
比普通聚合物氮化碳负载钯催化剂（Pd@PCN）更佳[79]。通过催化
二苯甲醇氧化反应，可以对该催化剂进行评价，并与各种催化剂体
系进行对比（表4-15）。对于0.5 mmol二苯甲醇规模反应，使用
20 mg Pd@PCN-Se催化剂催化，可以98%的产率获得二苯甲酮产
物（表4-15，序号1）。该催化剂可回收利用（表4-15，序号2），
并且如能及时补充因分离过程损失的质量，回收后催化剂催化反应，
其产率并无明显降低（表4-15，序号3）。即使在催化剂用量减半
的情况下，反应产率也可高达95%（表4-15，序号4）。与之相比，
普通聚合物氮化碳负载钯催化剂（Pd@PCN）活性很低（表4-15，

序号 5)。此外，该催化剂载体 PCN – Se 也有一定的催化活性，但不如 PCN – Se 高（表 4 – 15，序号 6）。相比之下，普通 PCN 与硒粉的催化活性更低（表 4 – 15，序号 7，8）。由 PCN、硒粉、氯化钯等组合催化剂体系，其活性明显低于 Pd@ PCN – Se（表 4 – 15，序号 9，10），说明该催化剂的催化效果并非是三种因素的简单叠加，而是由材料本身性能导致的。类似地，使用 Pd@ PCN + PCN – Se、Pd@ PCN + （PhSe)$_2$ 以及 Pd@ PCN + 硒粉体系，其催化效果也难以超过 Pd@ PCN – Se（表 4 – 15，序号 11 ~ 13）。Pd（OAc)$_2$ 或者 Pd (OAc)$_2$ + （PhSe)$_2$ 体系，其催化活性也远不如 Pd @ PCN – Se（表 4 – 15，序号 14，15），说明 Pd@ PCN – Se 载体在该催化剂中起到决定性作用。此外，采用文献方法[80]通过两次烧制制备聚合物氮化碳及其负载钯催化剂，其性能也不如 Pd@ PCN – Se（表 4 – 15，序号 16，17）。此外，XPS 测试表明，在 Pd@ PCN – Se 催化剂中，硒与钯之间有强相互作用，从而可能明显提高催化剂性能。上述一系列催化剂评价结果充分表明，使用硒粉掺杂烧制的聚合物氮化碳材料，其性能要明显优于传统材料，从而为开发新型氧转移催化剂材料，开拓出一个新的研究方向。

表 4 – 15   利用二苯甲醇氧化反应对各种催化剂体系的评价[a]

序号	催化剂（重量）	产物产率（%）[b]
1	Pd@ PCN – Se（20 mg）	98
2	Pd@ PCN – Se（20 mg）	91[c]
3	Pd@ PCN – Se（20 mg）	96[c,d]
4	Pd@ PCN – Se（10 mg）	95
5	Pd@ PCN（20 mg）	78
6	PCN – Se（20 mg）	76
7	PCN（20 mg）	25
8	Se（2.0 mg）	33
9	PCN（20 mg）+ Se（2.0 mg）	38
10	PCN（20 mg）+ Se（2.0 mg）+ PdCl$_2$（11.2 mg）	41
11	Pd@ PCN（20 mg）+ PCN – Se（20 mg）	88
12	Pd@ PCN（20 mg）+（PhSe）$_2$（15.6 mg）	79
13	Pd@ PCN（20 mg）+ Se（2.0 mg）	46
14	Pd（OAc）$_2$（11.2 mg）	18
15	Pd（OAc）$_2$（11.2 mg）+（PhSe）$_2$（15.6 mg）	25
16	PCN（20 mg）[e]	50
17	Pd@ PCN（20 mg）[e]	80

[a] 反应条件：0.5 mmol 二苯甲醇，5 mmol 过氧化氢（30%浓度）以及 2 mL 1,4 – 二氧六环溶剂在各种催化剂的催化下，80℃反应 48 小时；[b] 分离产率；[c] 使用回收后催化剂催化反应的产率；[d] 损失催化剂得到补充；[e] 通过两步法制备聚合物氮化碳催化剂载体[80]

该聚合物氮化碳负载催化剂可用于一系列仲醇氧化，制备相应的酮。其中，与 Pd@PCN 和普通 PCN 相比，Pd@PCN-Se 表现出明显的优势，并且该规律对于连有推电子、吸电子、烷基等基团的底物广泛适用（表4-16，序号1~18）。值得一提的是，该反应对于活泼的张力环（如环丙烷）有很好的兼容性（表4-16，序号19~21），并同样适用于环醇（表4-16，序号22~24）。

表4-16　各种 PCN 催化剂催化仲醇氧化反应[a]

序号	醇	催化剂	酮产率（%）[b]
1	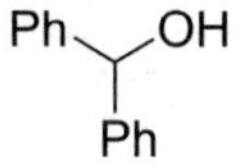 Ph-CH(OH)-Ph	Pd@PCN-Se	98
2		Pd@PCN	78
3		PCN	25
4	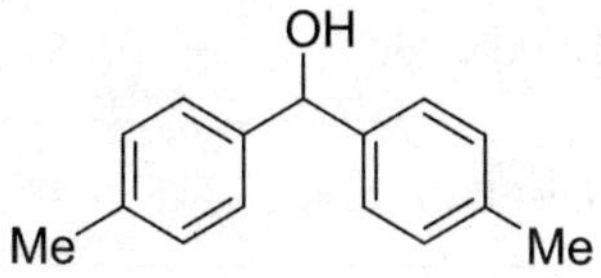 Me-C6H4-CH(OH)-C6H4-Me	Pd@PCN-Se	72
5		Pd@PCN	54
6		PCN	14
7	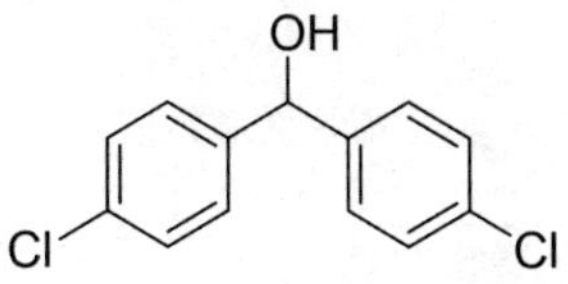 Cl-C6H4-CH(OH)-C6H4-Cl	Pd@PCN-Se	83
8		Pd@PCN	61
9		PCN	17
10	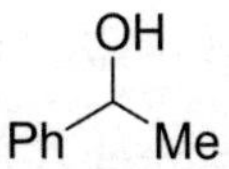 Ph-CH(OH)-Me	Pd@PCN-Se	52
11		Pd@PCN	22
12		PCN	6

序号	醇	催化剂	酮产率（%）[b]
13	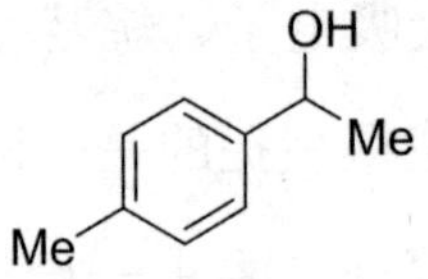	Pd@ PCN – Se	89
14		Pd@ PCN	73
15		PCN	23
16	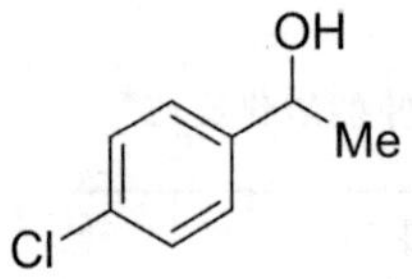	Pd@ PCN – Se	85
17		Pd@ PCN	56
18		PCN	17
19	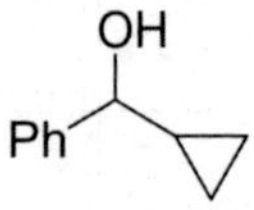	Pd@ PCN – Se	75
20		Pd@ PCN	52
21		PCN	18
22	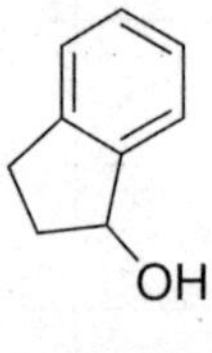	Pd@ PCN – Se	82
23		Pd@ PCN	48
24		PCN	11

[a]反应条件：0.5 mmol 二苯甲醇，5 mmol 过氧化氢（30% 浓度）以及 2 mL 1,4 - 二氧六环溶剂在 20 mg 各种催化剂的催化下，80℃反应 48 小时；[b]分离产率。

　　非均相硒催化剂便于回收，能显著降低催化剂成本。开发非均相硒催化剂是硒催化技术工业化应用的关键一步，而目前对此所展开的研究方兴未艾，已成功开发的非均相硒催化剂包括高聚物负载硒、硒/碳材料、无机氧化物负载硒以及有潜在光催化活性的聚合物氮化碳负载硒等。然而，对这些催化剂的研究尚未足够深入，许多催化剂的构效关系不够明确，也缺乏提高催化剂性能的系统性科学理论指导。这些都是未来该领域值得进一步研究的课题。

第五章　氢元素转移

一、氢化反应的应用

氢化反应是用氢气和其他化合物反应的单元操作，通常发生在镍、钯、铂等催化剂表面。在实际的应用中，氢化反应常被用于还原不饱和的有机化合物。例如，碳氢化合物的氢化可以还原掉分子中的双键和三键。由于氢气在常温下性能稳定，通常必须有催化剂的存在才能发生氢化反应，而无催化剂的氢化过程只在高温下才能够发生。

氢化反应在化工生产中一般分为两种：一是加氢，即单纯地增加有机化合物中氢原子的数目，使不饱和的有机物变为相对饱和的有机物，如将苯加氢生成环己烷以用于制造锦纶；将鱼油加氢制作硬化固体油以便贮藏和运输，以制造合成润滑油、肥皂、甘油等。二是氢解，在有机物分子间化合键断裂的同时，由氢取代离去的原子或基团而生成相应的烃。如将煤或重油氢解，变成小分子液体状态的人造石油，再进一步分馏可以制备人造汽油。

在工业生产中，催化剂是影响氢化反应的主要因素。工业上大都使用负载铂、负载钯作催化剂。其中，用活性炭为载体的催化剂则分别称为铂炭和钯炭。亚铬酸铜 Cu（CrO$_2$）$_2$ 成本较低，也被广泛用于工业生产中，其特点是对羰基的催化氢化特别有效，对酯基、酰胺、酰亚胺等也有较高的催化能力，而对烯、炔键则活性较低，对芳环基本上无活性。

氢化反应在有机合成化学中同样发挥着很重要的作用。该反应不仅操作简单，而且后处理相当方便，因此被广泛地应用。烯键和炔键均为易于氢化还原的官能团。通常在钯、铂和镍等催化剂的存在下，只要非常温和的条件就可以进行氢化反应。如异丁烯加氢制异丁烷、丁烯二酸酐的催化加氢制四氢呋喃、油脂加氢等。一般情况下，炔键的活性大于烯键，位阻较小的不饱和键活性大于位阻较大的不饱和键，而三取代或四取代烯则需要在较高的温度和压力下才能顺利进行反应。

芳香烃的加氢具有很大的意义，这类烃的加氢产物被广泛用作溶剂，如环己烷、四氢化萘等，亦可作为内燃机燃料。芳环由于共轭体系闭合且结构稳定，所以比烯烃更难还原，但在高温和催化剂的存在下，芳环依然可以被氢化。苯酚加氢是较早实现工业化应用的加氢反应之一，其产物环己醇可用于制造己二酸、增塑剂和洗涤剂，亦可以用作溶剂和乳化剂。此外，苯胺加氢制环己胺，苯甲酸加氢制环己烷羧酸，都具有广泛的应用前景。

硝基烷烃的加氢活性稍逊于烯键，在骨架镍上的加氢活性和铂催化剂相似，甚至稍高一些。相对于硝基烷烃，目前研究最多的是芳烃的硝基化合物的加氢反应。例如，硝基苯加氢还原产物苯胺是制造染料、农药、医药、橡胶助剂、聚氨酯等的主要中间体，在工业生产中起到了非常重要的作用。

除此之外，腈基、硝基、叠氮基、肟等均可以通过氢化还原生成相应的伯胺，而且具有后处理方便、产率高等优点。值得注意的是，当选用镍作为腈基氢化的催化剂时，产物中还会有较多的仲胺产生，但镍远比钴便宜，故而工业上大多用骨架镍再加其他成分来代替钴。

氢化反应在多个领域中都起到了举足轻重的作用，但是也有其局限性：化合物中含有溴、氯一般都不适合用氢化，有些杂环化合物氢化会出现开环现象。因此，只有合理地利用氢化反应，才可以更有效地合成目标化合物。

二、氢转移反应

氢气毫无疑问是最清洁、廉价的氢源。以之为氢源的催化加氢反应是所有氢转移反应中最直接并且原子经济性最高的方案。然而，氢气易燃，并且在使用时通常需要一定的压力，从而使得加氢反应有一定的危险性，在实验室操作时会有所不便。有趣的是，最近，我们意外发现，在2-亚烃基环丁酮（2-MCBones）的钯催化加氢反应中，反应条件非常温和，无须施加高压，并可在室温下发生。该反应可使用氢气球供氢，便于在实验室操作。加氢后选择性地生成的2-取代环丁酮，是一种重要的药物合成中间体（图式5-1）[81]。

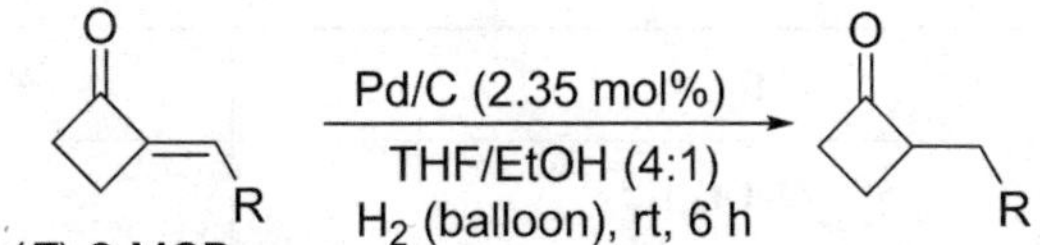

(*E*)-2-MCBones

图式 5－1　2－亚烃基环丁酮的催化加氢反应

通过上述钯催化加氢反应，可在温和条件下以2－亚烃基环丁酮为原料，合成一系列2－取代丁酮。该反应可放大，并且钯催化剂可通过离心分离回收，并可重复利用而不失活（表5－1，序号2 vs. 1）。该方法对各种富电子（表5－1，序号1～7）、缺电子（表5－1，序号8，9）、大位阻（表5－1，序号10）、杂环（表5－1，序号11）以及脂肪族（表5－1，序号12）的2－亚烃基环丁酮都适用。有趣的是，即便使用含硫底物，钯催化剂也不会完全失活，可以以中等产率合成相应的2－取代环丁酮（表5－1，序号11）。

表5－1　2－亚烃基环丁酮衍生物的催化加氢反应[a]

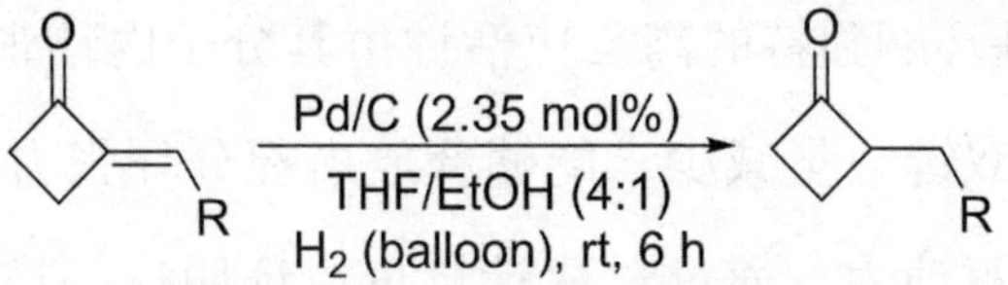

序号	R	产率（%）[b]
1	Ph	83
2[c]	Ph	80，81[e],78[e],76[e]
3	4－MeC_6H_4	78
4	4－*t*－BuC_6H_4	56

续表

序号	R	产率（%）[b]
5	$4 - MeOC_6H_4$	77
6	$3 - MeOC_6H_4$	86
7	$2 - MeOC_6H_4$	81
8	$4 - FC_6H_4$	71
9	$4 - CF_3C_6H_4$	69
10	$1 - C_{10}H_7$	75
11	$2 - C_4H_3S$ (i. e. 2 - thiophene)	91
12	$c - C_6H_{11}$	46

[a]反应条件：1 mmol 2 - 亚烃基环丁酮衍生物以及 25 mg 钯/碳催化剂在 10 mL 四氢呋喃/乙醇（4/1）溶剂中、氢气氛围（气球）下室温搅拌 6 小时；[b]基于 2 - 亚烃基环丁酮衍生物用量计算的分离产率；[c]反应规模扩大到 10 mmol；[d]催化剂回收利用效果检测。

2 - 亚烃基环酮独特的高反应活性由其分子内环张力所决定[81]。加氢后，环外双键数量减少，能够释放出部分环张力，从而为反应提供了很好的驱动力。通过量化计算可以证明这一推论（图式 5 - 2）：在常温常压下，2 - 亚烃基环丁酮加氢过程释放 110 kJ/mol 反应能（案例 1），而增加环的尺寸 2 - 亚烃基环戊酮加氢所释放的反应能下降到 96 kJ/mol，而产物产率也随之下降（案例 2）。进一步增加环尺寸，所释放反应能和产物产率都会不断下降（案例 3，4），直至几乎无加氢产物产生（产率 <3%）。与碳 - 碳双键氢化相比，碳 - 氧双键氢化所释放出的能量更小（案例 5~7），故而加氢反应选

择性地发生在碳 – 碳键上。

Products with different ring sizes

(1) n = 1, yield 83%　　(2) n = 2, yield 60%　　(3) n = 3, yield 56%　　(4) n = 5, yield < 3%
ΔE = -110 kJ/mol　　ΔE = -96 kJ/mol　　ΔE = -92 kJ/mol　　ΔE = -6 kJ/mol

Carbonyl hydrogenation by-product

(5) n = 1, yield = 0%　　(6) n = 2, yield = 0%　　(7) n = 3, yield = 0%
ΔE = -50 kJ/mol　　ΔE = -63 kJ/mol　　ΔE = -59 kJ/mol

图式 5 – 2　各种 2 – 亚烃基环酮催化加氢反应的量化计算

　　丙酮是一种简单、易得的大宗化工原料，是异丙苯氧化裂解法生产苯酚的副产物。在现有技术条件下，异丙苯氧化裂解法每生产 1 吨苯酚就会同时产生 0.62 吨丙酮[11]。目前，苯酚的市场需求远超过丙酮，从而导致丙酮产能过剩。因此，将丙酮转化为市场需求巨大的高附加值产品，不仅能充分利用该化工原料的廉价优势，还可消耗过剩的丙酮，维护产业链物料平衡，有重要的工业应用价值。另一方面，甲基异丁基酮（MIBK）是用量巨大的化工产品，主要应用于汽车、航空航天、家居装修等方面的高档涂料溶剂，用于合成飞机以及汽车轮胎的橡胶防老剂 4020、润滑油脱蜡剂、有机合成萃取剂和稀释剂以及表面活性剂等。该化合物可以由丙酮来合成。其工艺主要分为多步合成工艺和一步合成工艺[12]。多步合成工艺利用丙酮在酸或碱的催化下，首先生成二丙酮醇（DAA）；随后在酸的催化下脱水可生成异丙叉丙酮（MO）；最后，通过镍、铜、钯等金属催化下的液相或气相催化加氢，生成甲基异丁基酮。一步合成工艺在氢气氛围里缩合丙酮，并在催化剂催化下加氢还原为甲基异丁基酮。上述两种合成工艺都使用氢气，因而具有一定的危险性。

异丙醇易脱氢，因而在工业上常被视为氢供体。利用氢转移技术以异丙醇为还原剂，可避免直接使用氢气带来的安全隐患，以及物料运输方面的危险和不便。最近，通过脯氨酸催化，我们成功实现了利用丙酮为原料合成异丙叉丙酮的清洁技术[82-84]。在此基础上，开发了铂碳催化下异丙醇还原异丙叉丙酮制备甲基异丁基酮的新工艺 [图式5-3，反应式 (1)][13,85]。值得一提的是，异丙醇在反应中供氢后会转化为丙酮，经收集后，可再次用于合成异丙叉丙酮，从而使得该工艺的原子经济性得到显著提高。理论上，该工艺可视为一分子丙酮与一分子异丙醇缩合，生成一分子甲基异丁基酮，整体过程清洁环保 [图式5-3，反应式 (2)][85]。

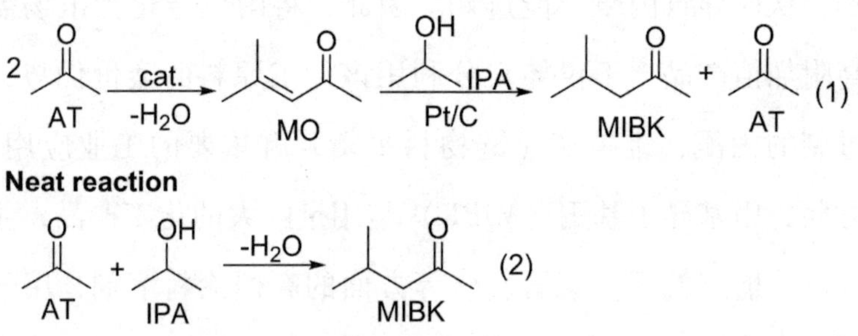

图式5-3 由丙酮合成甲基异丁基酮路线示意图

在该反应中，铂催化剂首先从异丙醇攫氢，形成 $Pt \cdot H_2$，并生成丙酮。异丙叉丙酮接触铂催化剂表面后，被加氢还原，生成甲基异丁基酮（图式5-4）。反应对氢转移催化剂要求较高，铂作为同时具备催化脱氢和催化加氢的贵金属，是理想的催化剂，而与之相比，其他过渡金属如锌、钯、钌等都不能催化该反应[85]。

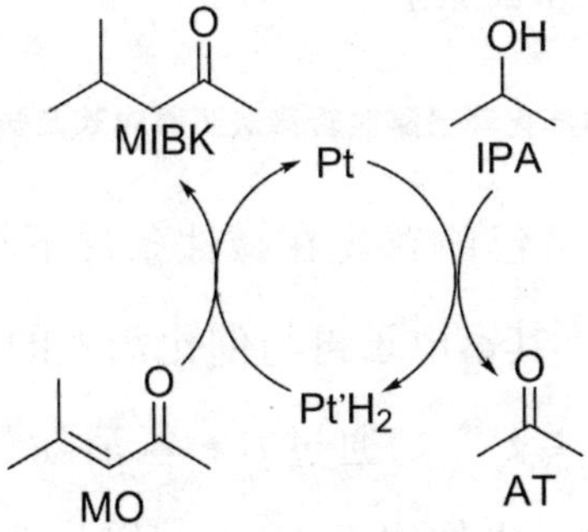

图式 5 – 4　铂催化异丙醇氢转移法还原异丙叉丙酮机理

　　对苯二酚（HQ）是重要的有机化工产品，被广泛应用于制备医药中间体、黑白显影剂、蒽醌染料、偶氮染料、橡胶防老剂、电极材料、稳定剂和抗氧剂，有着很好的市场前景。以苯酚为原料，经过氧化制对苯二醌（BQ），再还原制对苯二酚的合成路线，有着区域选择性高的优点。此外，由于苯酚是由异丙苯裂解制备的大宗化学品[69]，价格便宜，该路线合成成本低，从而带来充足的利润空间。利用硒催化氧化技术，可以成功地将苯酚转化为对苯二醌[14]。在对对苯二醌加氢还原的研究中，我们非常意外地发现，环己酮（Cyc）可作为氢源，将对苯醌还原成对苯二酚（图式 5 – 5）[86]。

　　与前文异丙醇氢转移法还原异丙叉丙酮类似，该反应使用兼具脱氢与加氢催化性能的铂（铂/碳，即 Pt/C）为催化剂，但同时还需要添加胺作助剂。一系列控制实验与气 – 质联用（GC – MS）分

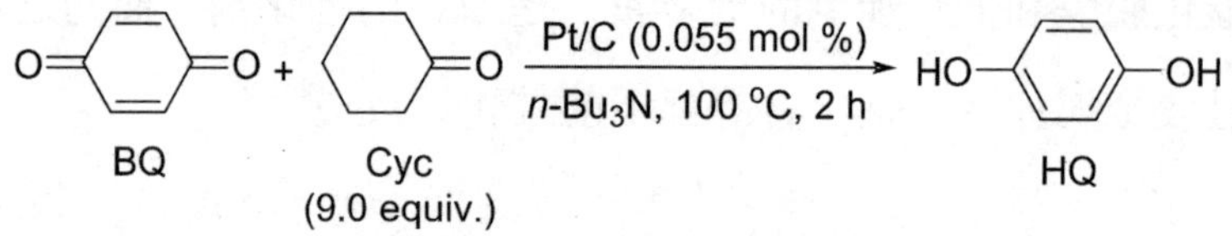

图式 5–5　铂催化环己酮氢转移法还原对苯二醌制备对苯二酚

析表明，在反应中，环己酮首先在碱性条件下转化为其烯醇式（图式 5–6，反应式 1），其富电子再与催化剂上的铂配位，形成羰基 α – 位配合铂中间体 5–1[86]。通过 β – 氢消除[87,88]，生成环己烯酮 5–2，而该物质可进一步与体系中的产品对苯二酚缩合，生成副产物 5–3（通过 GC–MS 证实）。实际上，该 β – 氢消除过程亦是一个从氢源环己酮上攫氢的过程，所攫取的氢被铂催化剂吸附，并用于将原料对苯二醌还原为产物对苯二酚（图式 5–6）。此外，在 GC–MS 谱图上，还观察到原料对苯二醌与环酮加成的副产物 5–5（图式 5–6，反应式 2）。

由上述可知，在一些底物分子结构特别的情形下，可实现相对安全的常温常压加氢。同时，亦可通过使用一些有机化合物氢源（如异丙醇、环己酮）的方法来降低加氢反应中的危险性。然而，如果不能够充分利用有机化合物氢源在氢转移反应后形成的副产物，则这些方法的原子利用率较低，会产生废弃物，从而限制了它们在大规模生产中的应用。因此，寻求应用范围广阔，并且原子经济性高的氢转移方案，开发相关技术，仍然是工业合成领域的一个有挑战性但却充满机遇的研究方向，值得进一步深入研究。

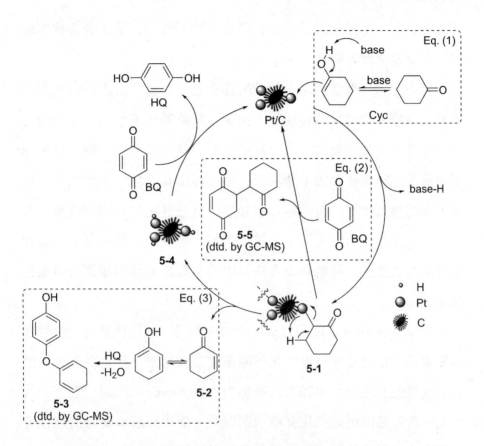

图式 5-6　铂催化环己酮氢转移法还原对苯二醌制备对苯二酚反应机理

三、光催化氢转移反应

如今，人类所能使用的能源有化石能源（煤、石油、天然气等）、水能、风能、生物能、核能等，而这些能源绝大多数都来源于恒星（主要是太阳）。在所有能源中，光能是从太阳获取能量的最直接方式，也是最高效的方式。随着环保意识逐渐深入人心，开发利用光能，尤其是可见光能驱动化学反应的新技术，是工业合成领域的一个重要发展方向。

另一方面，水是地球上常见的物质之一，也是组成包括人类在内绝大多数生物的主要物质。水由氢、氧两种元素组成，分解后可以直接得到氢气和氧气。水对环境友好，且容易获取，因此是最理想的氢源。随着社会的不断发展，环境污染和能源短缺已成为人们所关注的热点问题，而光催化水分解产氢是解决这一问题的重要方法之一。此外，利用光解水产氢和产氧，还可以开发出一系列温和条件下的氧化还原绿色合成方法，用于合成具有高附加值的精细化学品。

1972 年，Fujishima 和 Honda 成功地利用二氧化钛进行光电解水制氢实验，并把光能转换为化学能而被储存起来。该发现成为光电化学发展史上的一个里程碑，被称为"Fujishima – Honda 效应"[89]。水光解产氢是指用光催化分解水制取氢。催化分解水制氢的过程可分成光化学电池分解水制氢、半导体微颗粒催化剂的光催化分解水制氢和络合催化法光解水制氢。由于光直接分解水需要高能量的光量子，从太阳辐射到地球表面的光不能直接使水分解，所以只能依赖光催化反应过程。光催化是含有催化剂的反应体系，在光照下，激发催化剂或激发催化剂与反应物形成的络合物而加速反应进行的一种作用。当催化剂和光不存在时，该反应进行缓慢或不进行。

光催化水分解系统可分为两种类型，即使用金属络合物作为光敏剂的均相体系和由半导体纳米粒子作为光催化剂的非均相体系。其中，半导体光催化的过程是由光电子从光催化剂的价带（VB）向其导带（CB）跃迁引起的过程，光电子跃迁后会在价带中产生空穴，形成电子—空穴对。产生的电子、空穴会在内部电场的作用下分离并迁移到粒子表面。光生空穴有很强的得电子能力，具有强氧化性，可夺取半导体颗粒表面被吸附物质或溶剂中的电子，使原本不吸收光的物质被氧化；电子受体则通过接受表面的电子而被还原，完成光催化反应过程。由于导带的电子和价带的空穴可以在很短时间内在光催化剂内部或表面复合，以热或光的形式将能量释放，因此加速电子—空穴对的分离，减少电子与空穴的复合，对提高光催化反应的效率有很大的作用。

近年来，半导体上的光催化水分解已成为较有前途的生产氢的技术之一[90]。在紫外光或可见光的照射下，光激发电子会发生迁移，其中一部分转移到质子和水中产生氢自由基，随后重新组合产生氢气[91]。除此之外，利用光化学产生的活性氢来合成增值的精细化学品对基础研究和工业生产也具有吸引力。为了实现这一概念，需要设计、合成用于同时催化水分解产氢和氢化反应的双功能光催化剂。在众多的光催化剂中，聚合物氮化碳（PCN）是一种低成本，无毒且含量丰富的无金属半导体[76,77]。重要的是，PCN本身具有适当的带隙，这一特性为光催化反应的进行提供了必要的条件。一方面，它被认为是用于可见光驱动的水分解的有效光催化剂；另一方面，由于其层状结构和丰富的含氮构型（如 – NH_2 和 – NH – ），PCN也是锚定所需金属（如 Pd 纳米颗粒）的良好载体[78,79]，非常适合构建具有多重催化活性中心的功能性光催化剂[92]。但是其较低的光传输效率和催化性能同样也阻碍了其进一步的应用。

　　烯烃的氢化是有机合成和工业精细化学品制造中基本的转变之一。但是，目前的加氢过程需要高温、高压，且使用的是较危险的加压氢气作为氢源。因此，通过光催化方法从水中氢转移还原烯烃可以成为更好的烯烃氢化方案。想要提高 PCN 材料的光催化性能，通常使用改性技术以获得催化效果更好的 PCN 产物。为此，我们课题组使用氯化钾通过离子热法合成了 PCN – KCl 纳米片光催化剂，并通过光沉积法负载纳米钯，设计制备出 Pd/PCN – KCl 催化剂。该催化剂在水光解及烯烃氢化反应中显示出了良好的活性（图 5 – 1）[93]。

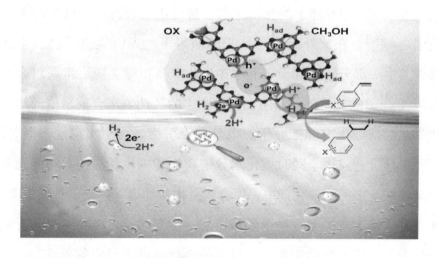

图 5 – 1　PCN 催化光解水将化合物加氢的概念图

（图片源自文献[93]）

　　在该材料制备的煅烧过程中，熔融的含氮物料会沿着氯化钾晶格流动，即氯化钾起到了一个"模板"作用。作为可溶无机盐，在后续处理中，可通过热水溶解的方法除去氯化钾，从而使得制备出的PCN材料有着更好的表面性能，并且其催化水光解性能得到显著提升。而在光催化水分解过程中，活性氢可以产生并吸附在催化剂表面上。Pd/PCN‒KCl作为双功能催化剂，其钯纳米颗粒不仅促进电子转化为形成活性氢物种的离解质子，而且吸附和活化不饱和有机底物如苯乙烯，使之能够与氢协同反应。除苯乙烯（表5‒2，序号1）外，各种富电子或缺电子的底物，如α‒甲基苯乙烯（表5‒2，序号2），4‒甲基苯乙烯（表5‒2，序号3），4‒甲氧基苯乙烯（表5‒2，序号4），4‒甲氧甲酰基苯乙烯（表5‒2，序号5）和1，1‒二苯乙烯（表5‒2，序号6）在3小时内都可被氢化，其产率可以达到90%以上。对于非末端烯烃1，2‒二苯乙烯，其活性下降，从而需要更长的反应时间（表5‒2，序号7）。有趣的是，查尔酮（表5‒2，序号8）可以选择性地被还原为1，3‒二苯基‒1‒丙酮，这表明与碳‒氧双键相比，该反应更有利于碳‒碳不饱和键的加氢反应[93]。

表5‒2 光催化烯烃加氢反应

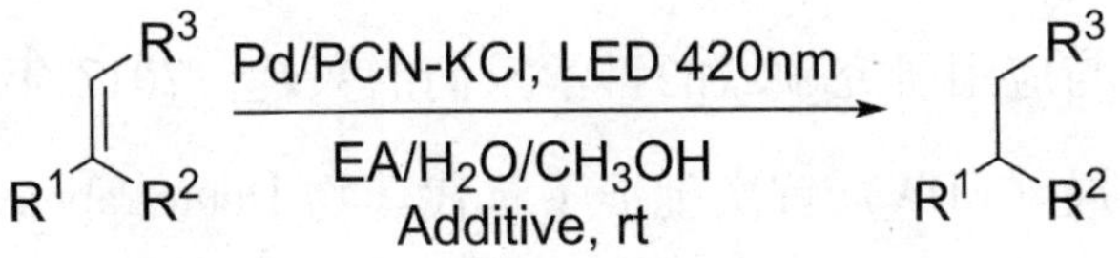

$$R^1R^2C=CHR^3 \xrightarrow[\text{Additive, rt}]{\text{Pd/PCN-KCl, LED 420nm} \atop \text{EA/H}_2\text{O/CH}_3\text{OH}} R^1R^2CH-CH_2R^3$$

序号	R^1, R^2, R^3	反应时间 (h)	转化率 (%)	产率 (%)
1	Ph，H，H	3	>99	>99
2	Ph，Me，H	3	>99	>99

续表

序号	R^1，R^2，R^3	反应时间（h）	转化率（%）	产率（%）
3	$4-MeC_6H_4$，H，H	3	>99	93
4	$4-MeOC_6H_4$，H，H	3	>99	96
5	$4-MeOCOC_6H_4$，H，H	3	>99	90
6	Ph，Ph，H	4	97	95
7	Ph，H，Ph	12	>99	81
8	Ph，H，C（O）Ph	12	>99	90

如上所述，设计水光解-加氢双效催化剂，并开发相关以水为氢源的氢转移反应，可利用水光解产生的氢气，对不饱和键进行加成，从而避免使用较危险的氢气，减少精细化学品生产中的安全风险。与上一节以有机化合物为氢源的氢转移方法相比，水为氢源无疑是更加环保、廉价的设计思路，有重要的工业化应用前景。

氘标记化合物在合成机械研究、质谱定量研究以及制药工业中有着重要的应用价值[94]。最近，氘代药物因其独特的治疗效果，开始吸引理论与应用研究领域的科学家们的兴趣。2017年，美国食品和药物管理局（FDA）首次批准了氘代药物 Deutetrabenazine（SD-809）上市[95]，从而引发了氘代药物及其合成技术的开发热潮。目前，往目标有机或药物分子中选择性地引入氘原子仍然是一个挑战性的课题。现有的 C-H/C-D 交换过程虽然是一种高效的氘化策略，但通常需要较苛刻的反应条件，并且应用范围有限（主要用于 sp^2 或 sp 键的氘化），无法实现选择性的多位置氘代[96]。利用类似于

112

上述以水为氢源通过光催化氢转移策略氢化的方法，可实现氘代化学品的合成。在氘代化合物中，氘水的价格最便宜。因此，以氘水为氘源，通过光解产氘 – 不饱和键加氘串联反应，可以方便地合成高附加值多氘取代化学品。该新工艺的优势在于反应安全并且生产成本相对低廉（图5 – 2）[97]。

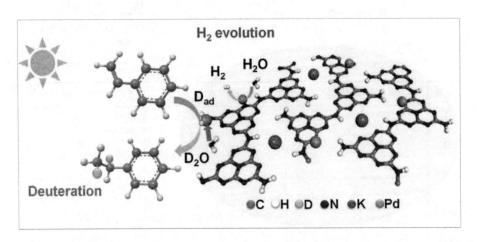

图 5 – 2 使用原位产生的氢/氘源来氢/氘化烯烃的示意图

（图片源自文献[97]）

例如，通过类似的溴化钾模板法，可以制备出 PCN – KBr，再通过负载钯可制备 Pd/PCN – KBr 催化剂。该催化剂可催化氘水光解，并利用产生的氘气对烯烃或炔烃加氘，从而合成一系列通过常规方法较难合成的氘代化合物（表 5 – 3）[97]。在该反应中，各种不饱和烯烃或炔烃，无论缺电子的、富电子的、环内的、末端的，都可以被氘化，应用范围广泛，并且整体产率和氘化比率都较高（表 5 – 3，序号 1 ~ 12）。该方法甚至可应用于甾体环内双键的氘化（表 5 – 3，序号 12），从而在开发相关甾族类氘代药物方面，有着潜在的应用价值[97]。

表 5-3　光催化烯烃与炔烃的氘化反应

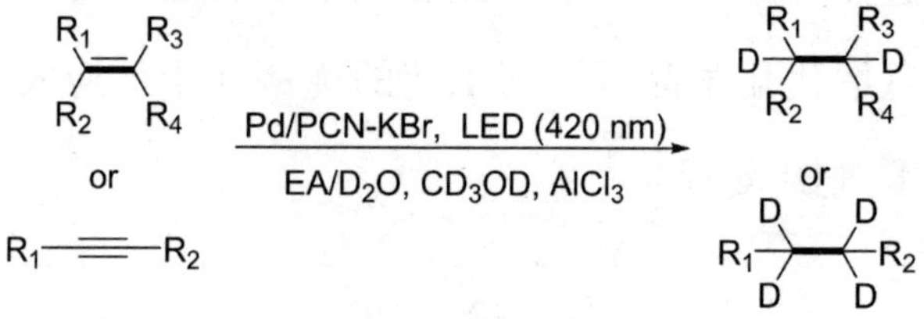

序号	烯烃或炔烃	5-6产率（%）	5-6氘化比率（%）
1	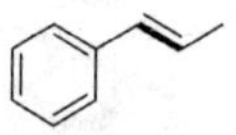	96	92
2	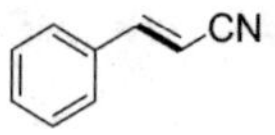	87	97
3	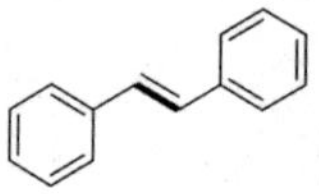	90	98
4	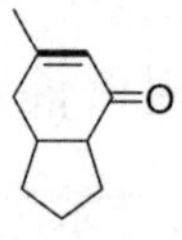	87	86
5	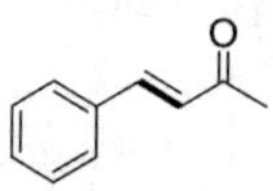	86	98
6	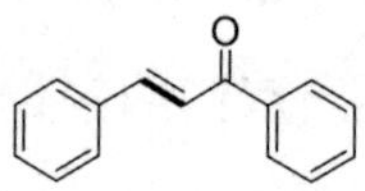	89	98

续表

序号	烯烃或炔烃	5-6产率（%）	5-6氘化比率（%）
7	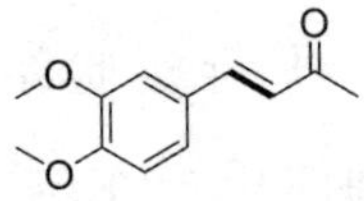	86	98
8	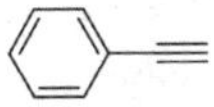	92	87
9	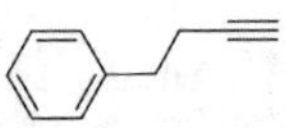	83	98
10	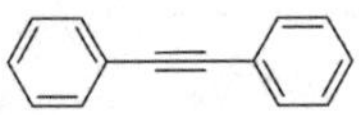	90	95
11	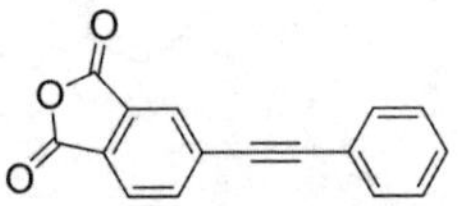	72	94
12	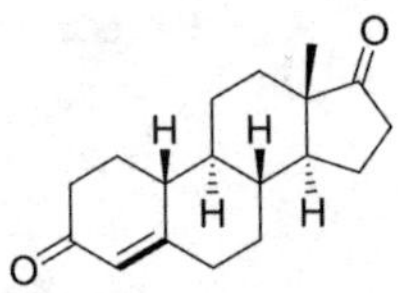	87	93

近年来，有机染料作为光催化剂也得到了较快的发展并被广泛应用[98]。有机染料具有廉价、易得、低毒、可大规模制备等特点。然而，目前可供选择的有机染料光催化剂种类较少且活性不高。因此，设计合成新型有机分子骨架光催化剂，有很好的科学和应用价值，是一个挑战性的前沿课题。受文献报道启发[99]，最近，我们设

计合成了一系列由供体 – 受体（咔唑或二苯胺 – 腈基）结构构成的可变的有机分子光催化剂 **5 – 6 ~ 5 – 11**（图式 5 – 7），并研究了它们在光催化氢转移还原卤代烃中的活性[100]。平行实验结果表明，5CzBN（**5 – 8**）的催化活性最佳。在该催化剂催化、LEDs 蓝光照射下，可利用三乙胺为氢源，在 N – 甲基吡咯烷酮（NMP）溶剂中还原对溴苯乙酮，生成苯乙酮，其产率可高达 80%[100]。

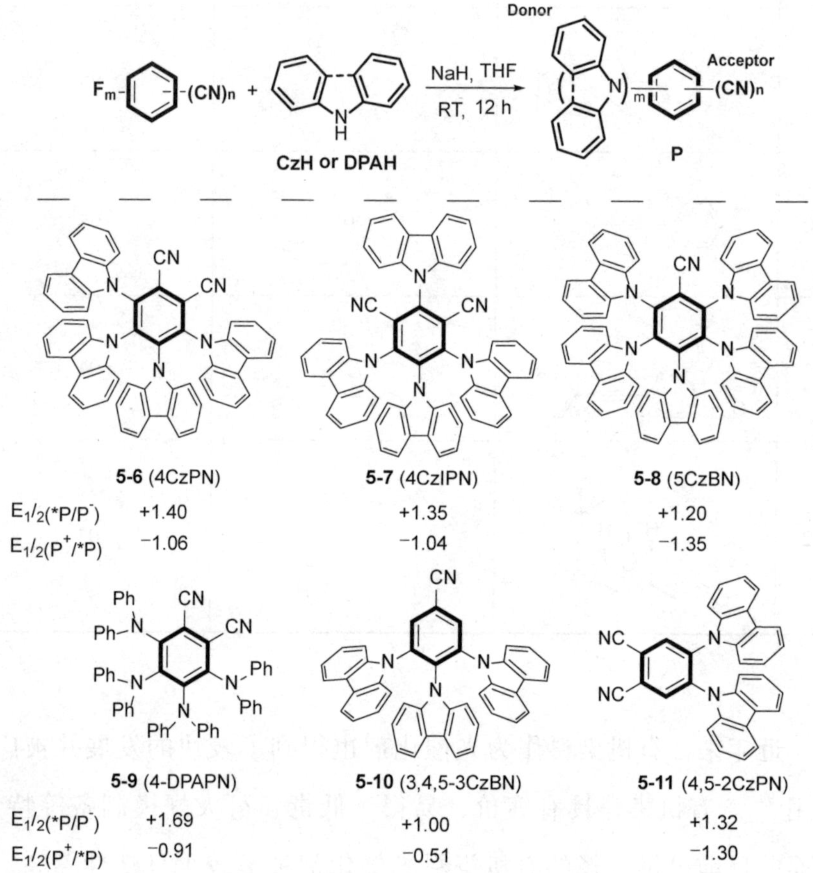

图式 5 – 7 咔唑类光催化剂的合成

利用5CzBN可催化三乙胺为氢源的氢转移反应，还原各种卤代烃（表5-4）[100]。该反应可以还原全氟芳烃中键能较高的碳-氟键，以中等产率生成相应的烃（表5-4，序号1，2）。对于氯代烃，连有吸电子基团的底物较易还原（表5-4，序号3~5），其中以邻氯苯甲酸甲酯作底物，反应产率可高达99%（表5-4，序号3）。相比氯代烃，溴更容易被还原，其反应速度与产物产率都得到明显的提升（表5-4，序号6~13）。除了芳烃外，连有溴代丙二酸二乙酯也可通过该氢转移方法脱溴，产率中等（表5-4，序号14）。碘代烃活性较弱，需要延长反应时间（表5-4，序号15~18）。

表5-4　光催化氢转移脱卤反应

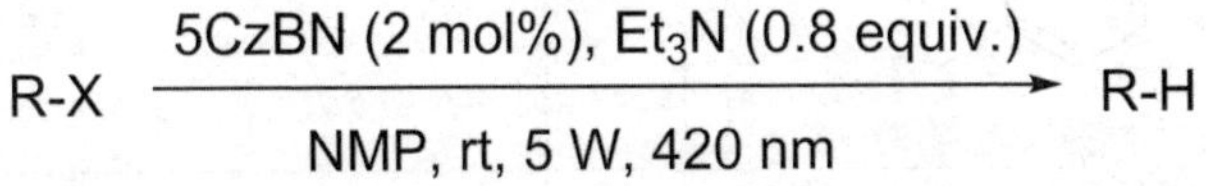

$$\text{R-X} \xrightarrow[\text{NMP, rt, 5 W, 420 nm}]{\text{5CzBN (2 mol\%), Et}_3\text{N (0.8 equiv.)}} \text{R-H}$$

序号	R	X	反应时间（h）	产率（%）
1	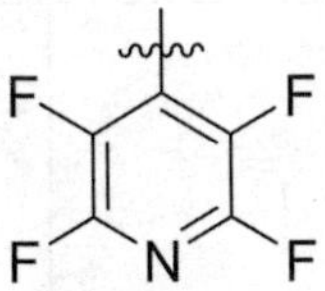	F	2	57%
2	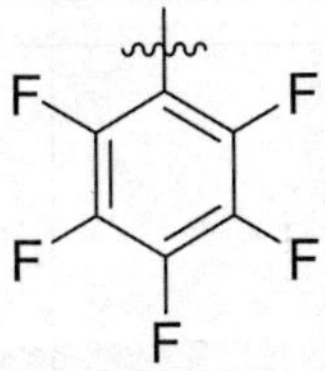	F	3	71%

续表

序号	R	X	反应时间 （h）	产率 （%）
3	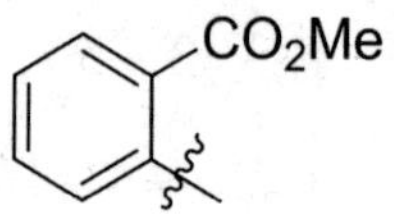	Cl	5	99%
4	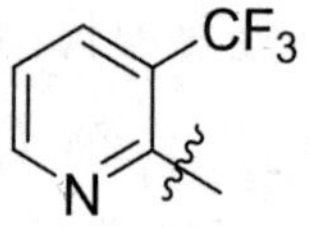	Cl	2	57%
5	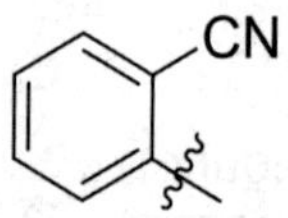	Cl	21	46%
6	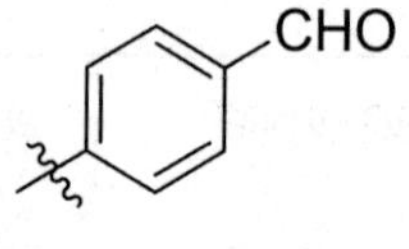	Br	0.8	58%
7	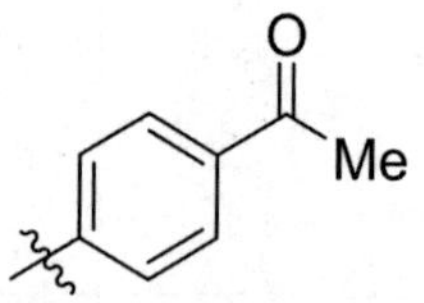	Br	1	80%
8	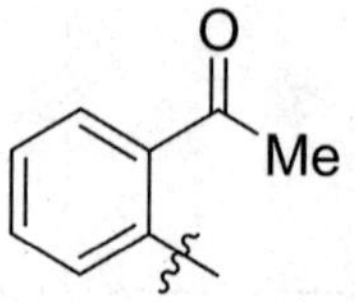	Br	1	86%

续表

序号	R	X	反应时间 （h）	产率 （%）
9	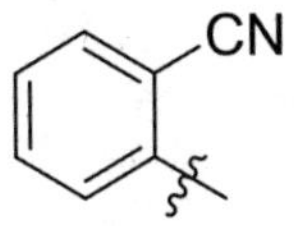	Br	7	77%
10	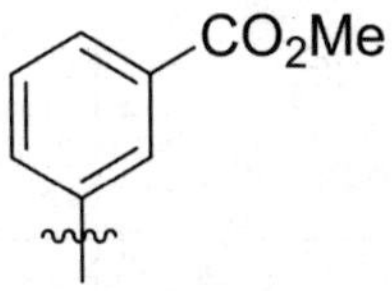	Br	1	84%
11	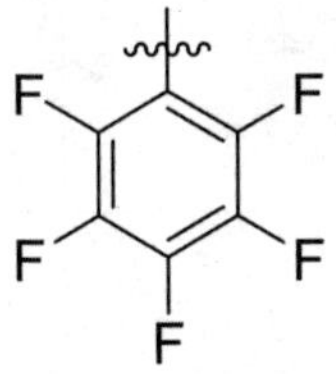	Br	1	70%
12	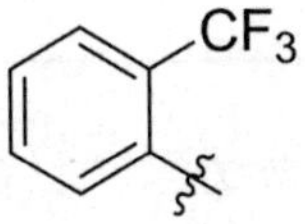	Br	1	45%
13	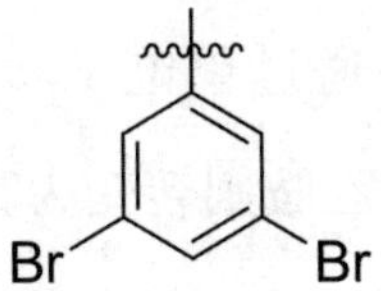	Br	1.3	98%
14	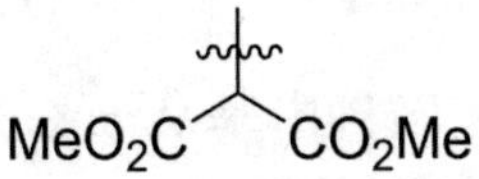	Br	0.2	48%

续表

序号	R	X	反应时间（h）	产率（%）
15	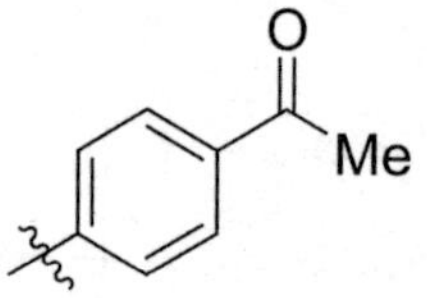 (4-乙酰基苯基)	I	14	93%
16	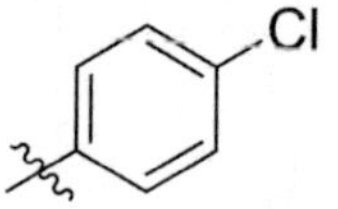 (4-氯苯基)	I	20	56%
17	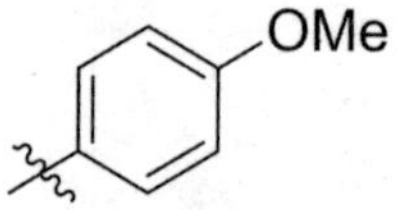 (4-甲氧基苯基)	I	14	93%
18	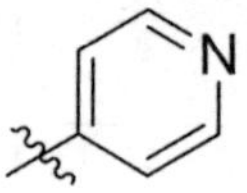 (吡啶-4-基)	I	48	63%

　　光催化氢转移脱卤反应机理如图式 5 – 8 所示[100]。在该反应中，咔唑催化剂 5CzBN 被光照射后，转化为其激发态 5CzBN*。激发态催化剂活性很高，可从富电子的三乙胺中通过单电子转移（SET）过程夺氢，产生自由基负离子 5 – 12，而三乙胺则转变为其自由基正离子。该自由基负离子遇到卤代烃会通过另一次 SET 过程失去电子，重新回到催化剂基态（5CzBN），而卤代烃夺电子后生成的自由基负离子可释放出卤负离子而产生碳自由基。该自由基从三乙胺自由基正离子上夺氢，可生成最终的脱卤烃产物，而亚胺正离子与上一步卤负离子结合，可生成亚胺盐副产物。

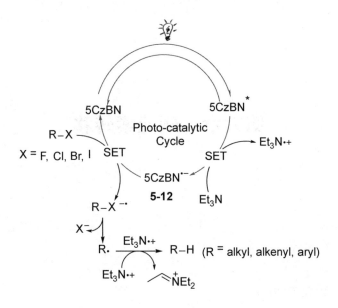

图式 5 - 8　光催化氢转移脱卤反应机理

　　作为一种清洁的能源，光能（尤其是可见光能），毫无疑问是未来人类可以依赖的主要能源之一。此外，光能还有着适合远距离传输（例如光在星际空间中传输）的优点。以光能为驱动力合成物质，是合成化学未来发展的主要方向之一，而在氢转移反应方面，通过水催化光解，并以之产氢作为氢源的合成反应，是主要研究方向之一。通过设计各种光催化剂，能够充分利用资源，实现高效的氢转移反应，实现清洁的工业合成，而经济附加值更高的氘代化合物，也可通过这些技术方便地由相对廉价、易储存的氘水来合成，在药物开发领域有着广泛的应用前景。光催化氢转移反应的氢源不仅限于水，其他有机或无机的小分子化合物，都有可能作为氢源，为反应供氢。

第六章　硒元素转移

一、硒化学简介

1817 年，瑞典化学家 Berzelius 从黄铜矿中分离出了一种新元素，该元素后来被命名为硒（Selenium），取意于古希腊满月女神塞勒涅（Selene）[15]。实际上，人类与硒元素接触的历史更悠久一些。早在公元 13 世纪，意大利旅行家马可·波罗记载的古代肃州牲畜食用毒草中毒，可能是人们关于接触这一元素最早的文献记录[16]。然而，在其被发现后的近一百多年里，硒元素很少被关注。人们仅对其单质和无机化合物的性质、用途进行了研究。当时，硒化学的发展相当缓慢。直到 1915 年，人们首次发现了硒的抗肿瘤功效，这使得硒元素开始逐渐走进人们的视野[8]。

硒是一种稀散元素，而全世界绝大多数地区都缺硒。我国拥有世界上最大的硒储量，其中，仅湖北恩施一地的硒储量，就超过除中国外世界上其他地区硒储量之和，被誉为"世界硒都"[8]。然而，硒的分散极不均匀，我国一方面拥有丰富的硒矿资源；另一方面，却又是一个缺硒大国，占国土面积72%的地区都缺硒[17]。硒的缺乏能够导致很多严重的后果，比如免疫力低下、重金属中毒、过早衰老、易发癌症，以及克山病、心血管疾病、大骨节病、关节炎等多种疾病。因此，适当补硒，有益健康。世界卫生组织（WHO）推荐健康成年人每天硒的摄入量为50～200微克，可耐受的最高摄入量为400微克，而中国营养学会则推荐正常成年人每天的硒摄入量应在100～240微克[8]。目前，我国大部分地区成人日摄入硒量约20～30微克，与建议的最佳摄入标准相差甚远，也未达到世卫组织所建议的最低摄入量。

硒元素的特性带来了这类化合物独特的化学与生物性能。硒是谷胱甘肽过氧化物酶的重要组成成分和活性中心[101]，决定着该酶的活性，即有效清除脂质化氧化物，打断由自由基引发的恶性循环，从而清除自由基的能力。自由基活性较高，能够导致细胞膜病变、干扰基因复制、激活人体免疫系统引发过敏，而通过补硒则可以防止这些慢性疾病。硒缺乏会导致谷胱甘肽过氧化物酶失活，从而使得机体抗氧化能力下降，造成细胞及细胞膜结构和功能损伤，导致衰老及各种疾病的发生。

硒对重金属有拮抗作用，被誉为"重金属的天然解毒剂"[18]。低价硒有较强的亲核性，且其富电子性能使得硒更容易与重金属较牢固地结合，形成金属硒蛋白质复合物，并通过代谢将金属排出体外。因此，补硒可以用于防治因重金属导致的各种疾病，如儿童智力低下（由铅引起）、不孕不育（由铬引起）、贫血（由汞、铅等引起）等。硒与重金属结合较强的这一性能，也被应用于一些功能性环境新材料的研发，用以清除环境中的重金属污染物[72]。

很多有机硒小分子和纳米硒粒子均表现出优异的抗菌活性，被广泛应用[102-104]。例如，含硒、氮杂环的有机小分子化合物依布硒啉（Ebselen），具有抗氧化、抗炎与免疫调节作用。研究发现，它可作为细菌 TrxR 抑制剂，阻断电子传递而表现出优异的杀菌活性，成为具有巨大应用潜力的新型抗生素，是一种广谱、安全的消炎镇痛药物[19,20]。因此，在药物合成中，含硒杂环分子骨架的构建是一个重要的研究课题[20]。含硒材料能够破坏细胞膜，并能够增加病菌细胞内活性氧，从而杀死病菌。例如，赛诺菲（Sanofi）最近推出的一款 Selsun 洗发水，其中含有二硫化硒，可抗真菌、抑皮脂、杀灭寄生虫和细菌。将槲皮素（Qu）和乙酰胆碱（Ach）偶联到硒纳米颗粒表面，合成的纳米硒复合材料（Qu – Ach@ SeNPs）能够有效抑制多重抗药性的超级细菌[105]。此外，含硒抗菌剂还被应用于农业病害防治，例如，硒碳复合材料最近被发现对甘蓝黑腐菌有显著的抑制作用（EC50 = 4.7403 μg/mL），从而有望被应用于甘蓝黑腐病防治[106]。一些含硒材料与化合物还具有抗病毒的功效，有广泛的生物应用前景[107,108]。

硒的化学性能独特，低价硒（如 RSeH）具有很强的亲核性，是很好的亲核试剂，而高价硒（如 RSeBr）则是很好的亲电试剂，可发生各种亲电加成反应。利用硒化合物的这些性质，可以设计各种含硒化合物高效的有机合成方案[109]。此外，硒氧化合物还可以发生类似于金属有机化合物 β – 氢消除反应的硒氧消除，含硒官能团脱落，并形成不饱和键[52,53]。上述性能可应用于固相合成中，例如，利用硒溴物种的亲电加成反应，可在高聚物载体上构建杂环，历经多步反应后，可通过氧化加热导致的硒氧消除将产物从载体上切割分离[110]。第四章中图式4-27给出了一个典型的例子[70]。

硒化合物可被氧化为高价硒物种，但硒-氧键并不牢固，容易断裂而将氧转移到其他有机分子中。因此，有机硒化合物可用作氧转移催化剂，催化一系列绿色的氧化合成反应[111]。相关内容第四章已阐述，不再赘述。很多含硒化学键（例如硒-硒）都比较脆弱，在可见光照下会断裂产生自由基，从而可发生一系列自由基反应[112]。硒的光敏性能除了被应用于有机合成反应中，还可用来改进材料的光学性能。例如，最近，我们发现，掺硒后的聚合物氮化碳对可见光吸收会显著提升，从而提高了其光催化活性[22]。

由上述可知，含硒化合物与材料性能独特，在医药、农药、日化、化工、材料等领域有着非常广泛的应用。因此，合成这些化合物，有很好的实际应用价值。寻找适当的硒源，通过"硒转移"将该元素引入到分子内，高效地合成各种硒化合物，能够显著降低反应成本，是硒化学工业化应用的必经之路。

二、含硒化合物的合成

在有机合成化学领域，有关含硒化合物的合成方法比较成熟。通过格氏试剂与硒粉的插硒反应，可以将硒转移到有机分子中，形成硒盐。硒盐经过酸化可以合成相应的硒醇/酚（图式6-1，反应路线 1）。硒醇/酚是强还原性物质（还原性超过硫醇/酚），具有强亲核性，通常有强烈的恶臭，在空气（氧气）的氧化下，很容易生成稳定的二硒醚，而二硒醚可被过氧化氢进一步氧化为亚硒酸（图式 6 - 1，反应路线 2）。等当量的二硒醚与溴反应，可生成硒溴（图式 6 - 1，反应路线 3）。硒溴中的硒正离子（即 RSe$^+$）是强亲电试剂，可与烯烃加成，生成各种官能化含硒化合物（图式 6 - 1，反应路线 4）。通过底物设计，使得亲核反应在分子内发生，则可以用以构建各种含硒杂环（图式 6 - 1，反应路线 5）。

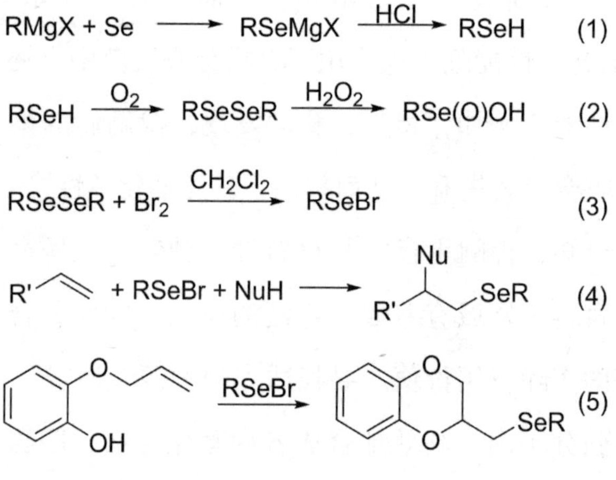

$$RMgX + Se \longrightarrow RSeMgX \xrightarrow{HCl} RSeH \quad (1)$$

$$RSeH \xrightarrow{O_2} RSeSeR \xrightarrow{H_2O_2} RSe(O)OH \quad (2)$$

$$RSeSeR + Br_2 \xrightarrow{CH_2Cl_2} RSeBr \quad (3)$$

图式 6 - 1　各种硒化合物合成

　　除上述方法外，还可以通过使用氧化剂（例如使用二醋酸碘苯）氧化二硒醚的方法，现场生成硒正离子，并以之与不饱和键加成，完成硒 - 官能化反应[113]。该方法不仅可避免使用具有刺激性的硒溴试剂，还可避免因卤素负离子较强亲核性带来的副产物。此外，路易斯酸（如四氯化钛、无水氯化铝、无水三氯化铁等）促进的硒 -

硒键异裂，也可生成硒正离子，并参与亲电加成，合成一系列含硒化合物[114-116]。

从实验室合成角度来看，通过格氏试剂插硒法引入硒，操作方便。但酸化过程中产生恶臭的硒醇/酚中间体，使得这种方法对环境污染严重，难以应用于大规模生产。硼氢化钠还原法是另一种引入硒元素的合成方法[117,118]。该方法首先利用硒粉被硼氢化钠还原产生硒氢化钠（图式 6-2，反应式 1）。作为 -2 价硒，硒氢化钠是一种强亲核试剂，可以直接与有机分子中的正电中心反应，合成含硒化合物，从而避免了硒醇/酚中间体生成。例如，与有机腈反应可生成硒代酰胺（图式 6-2，反应式 2）[117,118]，而与葡萄糖反应，则生成硒代葡萄糖[74,119]，是一种应用广泛的有机硒化合物（图式 6-2，反应式 3）。硼氢化钠还原硒粉时会产生氢气，有一定的危险性。此外，该方法与格氏试剂法一样会导致一些固废产生。

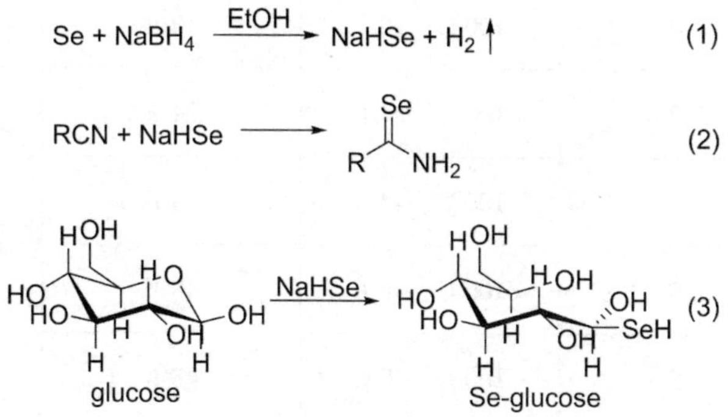

$$Se + NaBH_4 \xrightarrow{\text{EtOH}} NaHSe + H_2 \uparrow \qquad (1)$$

$$RCN + NaHSe \longrightarrow \underset{R}{\overset{Se}{\underset{}{\|}}}{-}NH_2 \qquad (2)$$

(3)

图式 6-2　硒氢化钠的制备及应用

硒粉与亚硫酸钠反应，可生成硒代硫酸钠（Na_2SeSO_3）。在该化合物中，硒的价态是 -2 价，具有较强的亲核性，可与卤代烃反应，合成二硒醚。在该反应中，亚硫酸钠就是"硒载体"，成功地将低活性的硒粉转化为高活性硒物种，并最终将硒转移到目标产物中。由于硒的弱氧化性，它与亚硫酸钠的反应需要较高的反应温度。例如，在水作溶剂时，该反应需要140℃高温，并反应48小时，才能够充分将硒粉转化为活性低价硒（表6-1，序号9 vs. 1~8）。此外，由于卤代烃不溶于水，亚硫酸钠与卤代烃反应时，需要添加一点乙醇以增进反应物的溶解度，否则产物产率会下降（表6-1，序号10 vs. 9）[120]。

表6-1　亚硫酸钠"硒转移"法合成二正丁基二硒醚 [a]

$$Se \xrightarrow[\text{2) } n\text{-BuBr (\textbf{6-1a}), EtOH, 100 }^{\circ}\text{C, } t_2\text{, air}]{\text{1) Na}_2\text{SO}_3\text{, H}_2\text{O, } T_1\text{, } t_1\text{, N}_2} \quad n\text{-Bu}\diagdown\text{Se}\diagdown\text{Se}\diagdown n\text{-Bu}$$

6-2a

序号	Se/RX [b]	T_1，t_1 [c]	t_2 [d]	产率（%）[e]
1	2.0	100℃，10 h	10 h	44
2	2.0	100℃，24 h	24 h	48
3	2.0	100℃，48 h	48 h	56
4	3.0	100℃，48 h	48 h	58
5	1.5	100℃，48 h	48 h	56
6	1.2	100℃，48 h	48 h	49
7	1.0	100℃，48 h	48 h	22

序号	Se/RX [b]	T_1, t_1 [c]	t_2 [d]	产率（%）[e]
8	1.5	120℃，48 h	48 h	62
9	1.5	140℃，48 h	48 h	74
10	1.5	140℃， 48 h	48 h	63 [f]

[a] 反应条件：硒粉（用量见表格）与等摩尔数的亚硫酸钠在 2 mL 水中加热（温度和时间见表格），随后加入 1 mmol 正丁基溴和 1 mL 乙醇，再在 100℃下加热（即第二步反应）；[b] 硒粉与正丁基溴的摩尔比；[c] T_1 指硒粉与亚硫酸钠加热时的反应温度，t_1 指该反应时间；[d] 硒代硫酸钠与正丁基溴反应时间；[e] 基于正丁基溴计算的分离产率；[f] 第二步反应不加乙醇溶剂

利用上述亚硫酸钠"硒转移"法，可以由硒粉和卤代烃为原料，合成一系列二硒醚。该方法可适用于各种伯溴代或氯代烷烃，并且价格更便宜的氯代烷烃效果更好（表6-2，序号 2 vs. 1，4 vs. 3，6 vs. 5，8 vs. 7）。对于位阻较大的仲卤代烃的反应，则产物产率下降（表6-2，序号9~14），而叔卤代烃则不反应（表6-2，序号15）。此外，各种苄氯也可作为原料，合成相应的二硒醚（表6-2，序号16~20）。该方法与格氏试剂法原料相同（都是硒粉和卤代烃），但可避免恶臭的硒醇/酚中间体，从而更加环保。美中不足的是，反应中会产生硒醚副产物，并且该副产物由于极性与二硒醚相近，较难通过实验室常规柱层析方法分离[120]。

表6-2 利用亚硫酸钠"硒转移"法合成各种二硒醚 [a]

$$RX \xrightarrow[\substack{EtOH/H_2O\ 1:2 \\ 100\ ^{\circ}C,\ 48\ h,\ air}]{Na_2SeSO_3\ (in\ situ)} R_{\diagdown Se}{\diagdown}^{Se}{\diagdown}_R + RSeR$$

6-1 → 6-2 + 6-3

(observed in NMR)

序号	RX	6-2 产率（%）[b]	6-3 产率（%）[c]
1	$n-BuBr$	74	12
2	$n-BuCl$	78	9
3	$n-C_5H_{11}Br$	70	17
4	$n-C_5H_{11}Cl$	72	16
5	$n-C_8H_{17}Br$	66	10
6	$n-C_8H_{17}Cl$	72	7
7	$i-C_3H_7CH_2Br$	55	28
8	$i-C_3H_7CH_2Cl$	56	26
9	$i-C_3H_7Br$	42	4
10	$i-C_3H_7Cl$	35	7
11	$c-C_5H_9Br$	40	16
12	$c-C_5H_9Cl$	38	19
13	$c-C_6H_{11}Br$	45	5
14	$c-C_6H_{11}Cl$	18	12
15	$t-BuCl$ or $t-BuBr$	traced	–
16	$PhCH_2Cl$	66	26
17	$3-FC_6H_4CH_2Cl$	73	26

序号	RX	6-2 产率（%）[b]	6-3 产率（%）[c]
18	$4 - ClC_6H_4CH_2Cl$	70	15
19	$3 - ClC_6H_4CH_2Cl$	62	20
20	$2 - MeC_6H_4CH_2Cl$	70	11

[a] 反应条件：1.5 mmol 硒粉与等摩尔数的亚硫酸钠在 2 mL 水中 140℃加热 48 h，随后加入 1 mmol 卤代烃和 1 mL 乙醇，再在 100℃下加热 48 h；[b] 基于卤代烃计算的分离产率（副产物硒醚已扣除）；[c] 核磁产率

在该反应过程中，亚硫酸钠首先被硒氧化，生成硒代硫酸钠 **6-4**，并通过重排，形成带强亲核硒负离子基团的 **6-5**（图式 6-3）。中间体 **6-5** 可与卤代烃发生亲核取代反应，生成 **6-6**。作为烷硒化试剂，**6-6** 可与卤代烃 **6-1** 进一步反应，生成副产物硒醚（**6-3**），而该反应暴露在空气中，可将 **6-6** 氧化，生成产物二硒醚。在该反应中，由于溴代烃较活泼，因而反应时更容易与 **6-6** 发生亲核取代反应，生成副产物硒醚量更多（表 6-2，序号 1 vs. 2，3 vs. 4，5 vs. 6，7 vs. 8）[120]。

羧酸盐加热后脱羧会产生碳自由基，从而可发生一系列偶联反应[121,122]。自由基有较高的反应活性，因此，在这一过程中加入硒粉，有可能捕获自由基而合成含硒化合物。在这一思路下，我们最近研究了以硒粉为硒源的脱羧偶联反应[123]。研究表明，这一过程需要添加 N，N - 二异丙基乙胺（DIEA）作有机碱助剂，将生成硒醚与二硒醚的混合物（表 6-3，序号 1，2）。使用 DIEA 与二正丁基

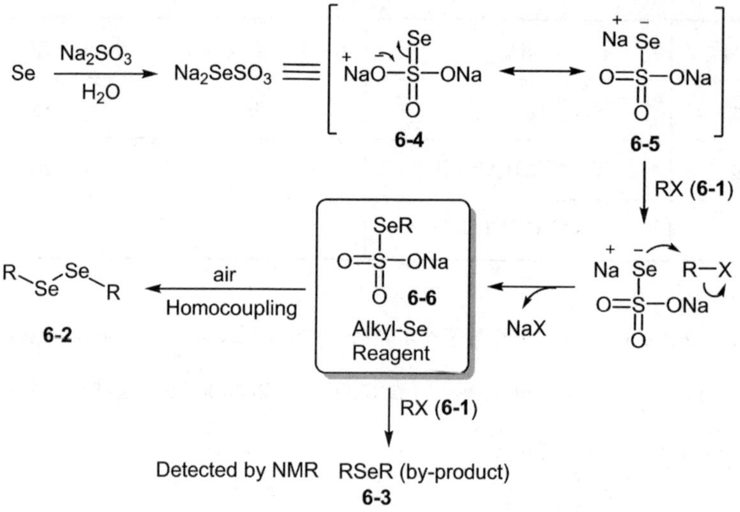

图式 6 – 3　亚硫酸钠"硒转移"法合成二硒醚反应原理

胺都可以顺利促进该反应，而其他碱如苯胺类衍生物和无机碱，效果都不佳（表 6 – 3，序号 2，3 vs. 4，5）。进一步研究表明，使用 200 mol% DIEA，200 mol% 硒粉（基于苯乙酸量计算）反应，效果最佳（表 6 – 3，序号 11 vs. 6 ~ 13）。该反应同时生成硒醚和二硒醚，并且由于两者极性相近无法分离。根据核磁测试结果，可推算出二者比例，从而计算出分子中平均硒含量。上述反应产物记为 BnSe$_n$Bn，其中，在最优条件下，n = 1. 41[123]。

表 6 – 3　苯乙酸脱羧插硒偶联：碱及硒粉用量的调控[a]

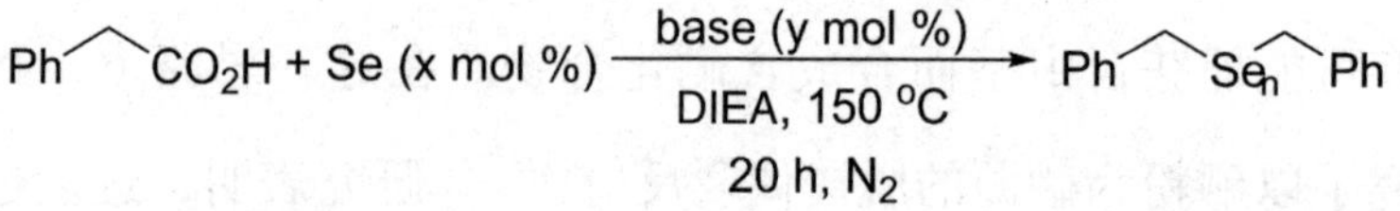

序号	碱（用量^b）	硒粉用量^b	n^c	产率（%）^d
1	–	400%	–	0
2	DIEA（200%）	400%	1.41	63
3	DNBA（200%）	400%	1.41	59
4	Anilines（200%）	400%	–	0–24
5	Inorganic bases（200%）	400%	–	0
6	DIEA（100%）	400%	1.34	29
7	DIEA（300%）	400%	1.33	30
8	DIEA（400%）	400%	–	0
9	DIEA（200%）	50%	1.30	29
10	DIEA（200%）	100%	1.44	34
11	DIEA（200%）	200%	1.41	59
12	DIEA（200%）	600%	1.43	44
13	DIEA（200%）	800%	1.40	25

[a] 反应条件：1 mmol 苯乙酸，4 mmol 硒粉以及碱（用量见表格）在 1 mL N，N–二异丙基乙胺（DIEA）溶剂中氮气保护下150℃加热20 h；[b] 相对于苯乙酸的摩尔比；[c] 硒含量指数 n 基于核磁共振氢谱中二硒醚与硒醚摩尔比例计算；[d] 二硒醚与硒醚混合物的总分离产率

　　条件优化实验结果表明，高极性的 N，N–二甲基甲酰胺（DMF）和二甲基亚砜（DMSO）都是较好的反应溶剂，而无溶剂或使用氯仿、二氯甲烷、乙腈、乙醇等溶剂，效果都不佳（表 6–4，序号 6，7 vs. 1~5）。该反应需要较高温度，而 140~160℃ 最佳（表6–4，序号 10，11 vs. 8，9，12，13）。有趣的是，无论如何调控反

应，产物中硒醚与二硒醚比例都较稳定，其分子式 BnSe$_n$Bn 中 n 值大多在 1.40 左右[123]。

表 6-4　苯乙酸脱羧插硒偶联：条件优化实验[a]

$$Ph\diagup CO_2H + Se \xrightarrow[\text{solvent, T, 20 h, N}_2]{\text{DMF (200 mol \%)}} Ph\diagup Se_n\diagdown Ph$$

序号	溶剂	反应温度（℃）	n[b]	产率（%）[c]
1	无溶剂	150	–	0
2	CHCl$_3$ or CH$_2$Cl$_2$	150[d]	–	0
3	MeCN	150[d]	1.45	22
4	EtOH	150[d]	1.43	23
5	EtOH/H$_2$O (1/1)	150[d]	1.40	10
6	DMSO	150	1.42	53
7	DMF	150	1.41	63
8	DMF	120	–	0
9	DMF	130	1.33	33
10	DMF	140	1.41	59
11	DMF	160[d]	1.42	55
12	DMF	170[d]	1.33	27
13	DMF	180[d]	–	0

[a]反应条件：1 mmol 苯乙酸，4 mmol 硒粉以及 2 mmol DMF 在 1 mL 溶剂中氮气保护下加热 20 h；[b]硒含量指数 n 基于核磁共振氢谱中二硒醚与硒醚摩尔比例计算；[c]二硒醚与硒醚混合物的总分离产率；[d]反应在封管中进行

控制实验研究结果表明，该反应通过自由基机理进行（图式6－4）[123]。与硫类似，硒单质是由8个硒原子构成的皇冠环状结构分子（Se_8）组成。在较高温度下，硒－硒键发生均裂，产生双自由基6－7。该自由基中间体可从反应底物苯乙酸上夺氢，生成6－8，同时产生自由基中间体6－9。加热条件下，6－9不稳定，可通过脱羧释放出二氧化碳，并产生较稳定的苄基自由基6－10。它与硒单质的自由基加成反应生成中间体6－11，并通过脱去部分硒，形成较稳定的苄硒基自由基6－12。该中间体与苄基自由基反应，即生成二苄基硒醚（n＝1），而如若发生二聚，则产生二苄基二硒醚（n＝2）。

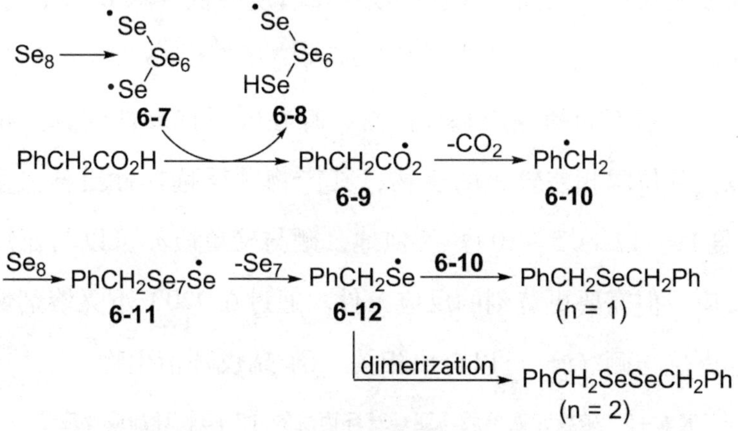

图式6－4 苯乙酸脱羧插硒偶联反应机理

该反应以硒粉为硒源，通过直接硒转移来合成硒化合物，因而比上述利用亚硫酸钠作硒载体的方法效率更高。然而，由于硒醚与二硒醚会同时生成，难以通过控制反应条件来实现选择性合成，并且两种产物难以分离，该脱羧插硒偶联方法并不适用于合成含硒化合物纯品。幸运的是，由于硒醚和二硒醚都是很好的氧转移催化剂，它们的混合物可被应用于催化氧化反应，例如氧化脱肟反应[123]，从而使得该脱羧插硒偶联可被应用于快速合成有机硒催化剂，有一定的应用价值。

　　作为有较高环内张力的活性小分子化合物，亚烃基环丙烷可跟硫族元素单质直接反应，生成相应的杂环化合物[124]。例如，氮气保护下，二苯亚甲基环丙烷与硫粉在1，2 - 二氯乙烷介质中在80℃加热6小时，即可以73%的产率生成3 - 二苯亚甲基 - 1，2 - 二硫戊环6 - 13（表6 - 5，序号1）。引入吸电子基团，则反应底物活性下降，需要延长反应时间，并且产物产率有所降低（表6 - 5，序号2，3）。该反应亦适用于脂肪族亚烃基环丙烷（表6 - 5，序号4）。该反应对于取代基不同的亚烃基环丙烷，存在顺反选择性问题。相比而言，取代基位阻相差较大的底物，其产物顺反选择性更佳（表6 - 5，序号11～17 vs. 5～10）。类似地，硒与碲单质亦可以与亚烃基环丙烷反应，但需要更苛刻的反应条件。通过在220℃下无溶剂煅烧亚烃基环丙烷与硒/碲，可以合成相关二硒/碲戊环衍生物。

表6 - 5　硫族元素单质与亚烃基环丙烷的［3 + 2］环加成反应[a]

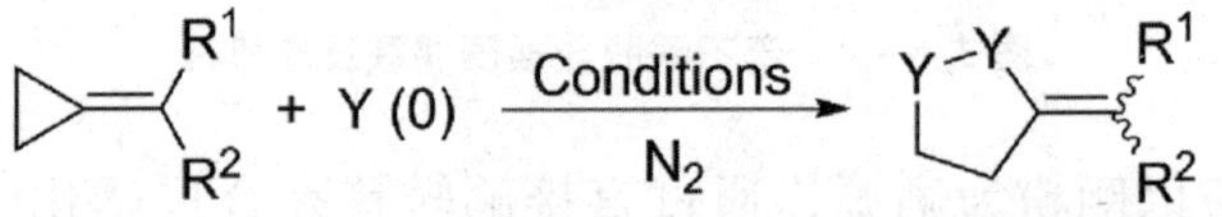

6-13

序号	R^1，R^2	Y	反应时间（h）	产率（%）^{b}
1	R^1 = R^2 = Ph	S	6	73
2	R^1 = R^2 = 4 – FC$_6$H$_4$	S	20	43
3	R^1 = R^2 = 4 – ClC$_6$H$_4$	S	28	54
4	– CH$_2$CH$_2$CH（Ph）CH$_2$CH$_2$ –	S	10	73
5	4 – MeC$_6$H$_4$，Ph	S	7	87（50/50）
6	4 – MeOC$_6$H$_4$，Ph	S	7	79（50/50）
7	4 – FC$_6$H$_4$，Ph	S	20	52（50/50）
8	4 – ClC$_6$H$_4$，Ph	S	25	72（50/50）
9	4 – BrC$_6$H$_4$，Ph	S	27	58（50/50）
10	4 – ClC$_6$H$_4$，Me	S	23	28（60/40）
11	Ph，H	S	10	65（70/30）
12	4 – MeC$_6$H$_4$，H	S	14	69（68/32）
13	4 – MeOC$_6$H$_4$，H	S	10	60（76/24）
14	2，4，6 – Me$_3$C$_6$H$_2$，H	S	24	50（85/15）
15	1 – C$_{10}$H$_7$，H	S	10	65（96/4）
16	4 – CF$_3$C$_6$H$_4$，H	S	24	42（82/18）
17	4 – BrC$_6$H$_4$，H	S	36	57（92/8）
18	R^1 = R^2 = Ph	Se	3	63
19	R^1 = R^2 = 4 – ClC$_6$H$_4$	Se	3	43
20	– CH$_2$CH$_2$CH（Ph）CH$_2$CH$_2$ –	Se	3	56
21	4 – MeC$_6$H$_4$，Ph	Se	3	67（50/50）

序号	R^1, R^2	Y	反应时间（h）	产率（%）[b]
22	$4-MeOC_6H_4$, Ph	Se	3	51（50/50）
23	$4-FC_6H_4$, Ph	Se	3	51（50/50）
24	$2,4,6-Me_3C_6H_2$, H	Se	3	54（68/32）
25	$R^1 = R^2 = $ Ph	Te	3	22

[a] 反应条件：氮气保护下，0.3 mmol 亚烃基环丙烷与 0.66 mmol 硫在 1 mL $_1$，2 - 二氯乙烷中 80℃；0.3 mmol 亚烃基环丙烷与 0.66 mmol 硒/碲无溶剂 220℃煅烧；[b] 括号外为基于亚烃基环丙烷计算的分离产率；括号内为产物中异构体 Z/E 比例（通过核磁共振氢谱积分计算）

　　与亚烃基环丙烷不同，各种类似物如苄基环丙烷（**6 – 14**）、环丙基苯基甲酮（**6 – 15**）、1，2 - 二苯基 - 1 - 环丙基乙烯（**6 – 16**）、二苯基亚甲基环丁烷（**6 – 17**）、2 - 亚苄基环丁酮（**6 – 18**）以及 1，1 - 二苯基丙二烯（**6 – 19**）在该反应条件下都不能够与硫单质反应（图式 6 – 5）。此外，反应可被自由基扫除剂 TEMPO 抑制，而被自由基引发剂 AIBN 促进。上述实验结果表明，该反应能够发生与亚烃基环丙烷的独特结构密切相关，并且通过自由基反应机理进行。

　　该反应机理如图式 6 - 6 所示。在加热条件下，硫族元素单质中发生单键断裂，产生双自由基。随后与亚烃基环丙烷的加成，可生成中间体 **6 – 20**，经脱去部分硫/硒/碲后，产生中间体 **6 – 21**。通过分子内重排反应，可最终生成产物，即 3 - 亚烃基 - 1，2 - 二硫戊烷衍生物 **6 – 13**[124]。

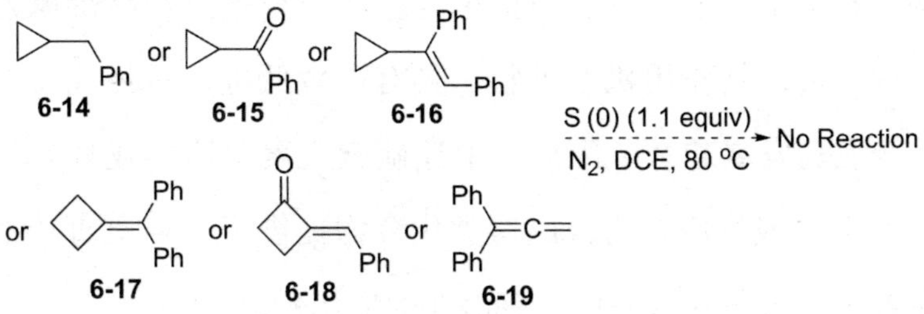

图式6-5 各种类似物与硫反应的控制实验

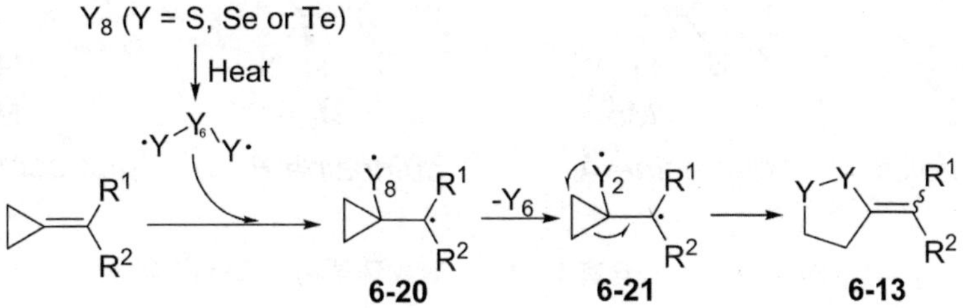

图式6-6 亚烃基环丙烷与硫族元素单质〔3+2〕环加成反应机理

1，2-二硫戊环在天然产物中广泛存在，例如，从海生环节足动物异族索沙蚕 *Lumbricomerereis hateropoda* 体内分离出的沙蚕毒素（*nereistoxin*）[125,126] 以及从巴西一种灌木植物 *Cassipourea guianensis*（红树科）树皮分离出的活性物质 *guinesine A*、*guinesine B*、*guinesine C*，都含有1，2-二硫戊环结构（图6-1）[127,128]。这类化合物，具有一定的生物活性，能够作用于昆虫神经系统的突触体，使得昆虫神经冲动受阻于突触部位而最终死亡，从而可用于杀灭害虫[129,130]。对这一系列1，2-二硫戊环衍生物的设计合成，长期以来一直引起化学家们的兴趣[131-133]。以1，2-二硫戊环为母体，进行进一步的修饰或衍生化，人们成功地开发出一系列仿生杀虫剂，如杀螟丹、杀虫磺、易卫杀、杀虫双、杀虫单等。这一类杀虫剂是烟碱乙酰胆碱受体抑制剂，其作用机制独特，具有高效低毒、对环境安全等优点，符合农药发展趋势。因此，上述硫族元素单质与亚烃基环丙烷的[3＋2]环加成反应，为合成这类化合物提供了一种更直接的新方法，在农药、医药开发领域，有潜在的应用价值。

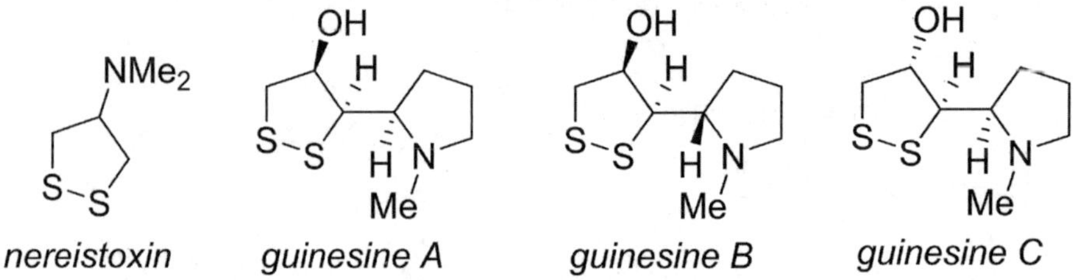

图6－1　一些含有1，2－二硫戊环结构的天然产物

利用金属镁强大的还原性能，可与卤代烃反应制备格氏试剂，并通过与硒单质的插硒反应，合成有机硒化合物。类似地，利用硼氢化钠的强还原性，可将硒粉还原成有较高反应活性的－2价硒，并以此为硒化试剂来合成各种含硒化合物。上述传统硒化合物合成方法技术成熟，适合实验室应用，甚至部分已经实现工业化制备[134]。但由于存在产生固废、使用易燃易爆试剂以及产生恶臭中间体等缺点，而较难应用于大规模制备。开发以硒单质为硒源，通过硒转移方法直接合成含硒化合物的技术，对于硒化工的发展，有重要的基础与应用价值。廉价、安全的亚硫酸钠，可作为"载体"，实现由硒粉到二硒醚的硒转移反应，但缺点在于不可避免地会产生大量无机盐固废。脱羧偶联反应利用产生稳定的二氧化碳气体释放出反应能，生成高活性自由基可与硒单质反应，生成硒醚与二硒醚，

但反应较难控制，从而选择性不高，对合成含硒化合物纯品意义不大。利用亚烃基环丙烷高度的环内张力释放，可驱动其与硫单质的[3+2]环加成反应，合成3-亚烃基-1，2-二硫戊环衍生物，但对于硒、碲的反应，则需要较高反应温度，并且产物产率明显降低。由上述可知，开发高效、实用的硒转移技术合成含硒化合物，仍然有许多问题待解决，是限制硒化学化工进一步发展的瓶颈技术问题。

第七章　金属元素转移

金属元素转移主要应用于催化剂及金属功能材料的制备方面，也是工业合成中的一个关键技术。对于利润相对较低的大化工、精细化工产业而言，控制催化剂成本是关键。金属催化剂在工业催化领域占据重要位置，因而，开发高效、廉价的金属催化剂制备方法，可以显著控制化工生产成本。可通过"金属转移"的方法，由相对廉价并易得的无机盐或氧化物为金属来源，合成金属催化剂。在这一过程中，驱动力至关重要，可通过吸附、形成化学键以及氧化还原等方法，来为金属转移过程提供驱动力，进而合成相关催化剂材料。

吸附法是制备金属催化材料最常见的传统方法。无机多孔材料都能够吸附金属，从而合成相关负载型催化剂。这些材料被广泛应用于工业催化中，例如活性炭、沸石、分子筛等材料吸附的金属催化剂。该技术很成熟，是传统的工业催化剂制备方法。因此，不再赘述。

过渡金属通常含有空轨道，能够与带孤对电子的非金属元素形成配位键，从而被牢固地锚定在相关材料上，合成非均相催化剂。例如，在前文（第四章，第 4 节）所述硒掺杂聚合物氮化碳中，氮元素即可与钯形成配位，从而合成用于醇氧化的非均相钯催化剂（Pd@ PCN – Se）[79]。

聚苯胺（PANI）是著名的导电高聚物材料，由于其中含有氮元素，也可以应用于金属催化剂配体。传统制备聚苯胺负载金属催化剂的方法通常是通过先氧化聚合再浸渍来进行的。2015 年，我们发现，由于钯具有较好的催化氧化功能，可通过将苯胺与氯化钯的混合溶液暴露于空气中来聚合，所生成的聚苯胺材料会吸附溶液中的钯，从而直接合成聚苯胺负载钯催化剂（图式 7 – 1）[135]。该催化剂可催化各种偶联反应，如 Heck[135]、Sonogashira[136]、Suzuki[137]、Ullmann[138]偶联等。

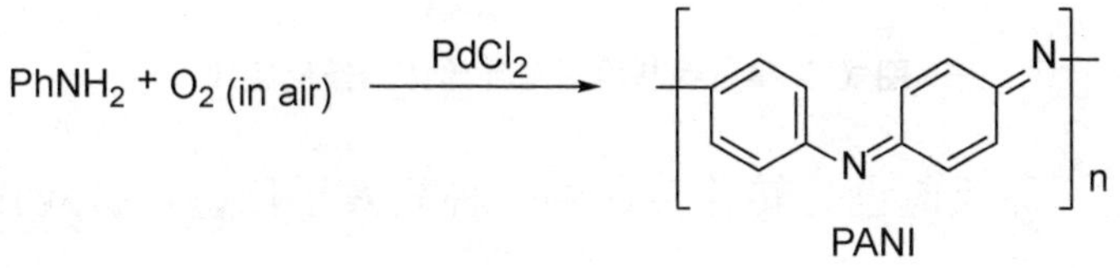

$$PhNH_2 + O_2 \text{(in air)} \xrightarrow{PdCl_2} \left[\text{PANI} \right]_n$$

图式 7 – 1　钯催化苯胺在空气氧化下聚合制备聚苯胺反应式

聚苯胺作为有机载体，可通过使用不同的单体聚合来往材料上引入各种基团，从而调控催化剂活性。例如，研究发现，在聚苯胺上引入推电子基团，可显著提高催化剂在 Ullmann 偶联中的催化活性[138]。在苯胺聚合过程中，使用过氧化氢作氧化剂，可降低金属用量，从而合成低金属含量的聚苯胺负载催化剂[139]。除金属钯外，聚苯胺负载其他过渡金属，如钌[140]、铜[141]、锰[142]等材料也可通过类似方法制备。

　　一些金属（如铅、钆）可以与非金属（如氧）形成牢固的化学键。因此，可以利用这一特点合成稳定的有机金属化合物单体，再通过聚合反应合成相关的金属高聚物功能材料。例如，氧化钆与甲基丙烯酸（MAA）反应，可以生成稳定的甲基丙烯酸钆单体（即Gd（MAA）$_3$，详见图式 7 – 2），再通过聚合反应，即可合成含钆高聚物[23]。与聚合 – 金属浸渍一体化合成方法相比（如上述聚苯胺负载金属的制备方法），先合成纯净的金属有机化合物单体再聚合，有利于准确调控材料中的金属含量，同时还可以根据所需引入各种共聚物，以调控金属有机聚合物材料性能。

$$Gd_2O_3 + \text{（MAA）}CO_2H \longrightarrow Gd(MAA)_3 + H_2O$$

图式 7 – 2　甲基丙烯酸钆单体制备反应式

　　氧化还原反应也是转移金属的一种高效手段，可被应用到非均相金属催化剂材料制备中。例如，将强还原性的铝箔浸渍到钯盐的二甲苯溶液中，其表面可通过氧化还原反应产生钯镀层，从而实现从溶液转移金属钯的目的，以合成纳米钯催化剂（图 7 – 1）。该催化剂可以用于催化 Suzuki 偶联反应[143]。由于钯被固定到大块铝箔表面，该催化剂在反应后可用镊子直接从反应液中移除，并回收利用。

　　通过使用多种金属盐的混合溶液浸渍铝箔，可合成多金属复合催化剂。这类催化剂比单个金属的催化剂效果更佳。例如，铝箔负载钯 – 铜复合催化剂可催化 Heck 反应[144]，而箔负载铜 – 铁复合催

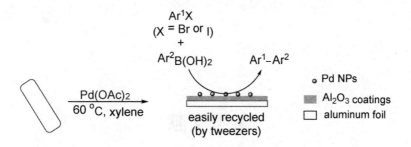

图 7 – 1   铝箔负载钯催化剂制备与应用示意图

化剂则可催化 Suzuki 偶联，从而实现了利用多种廉价金属组合替代贵金属催化剂的目的[145]。有关多金属复合催化剂工作原理的研究，仍在进行中。

　　金属转移技术主要应用于一些工业催化剂和功能材料的制备。从成本角度考虑，主要使用廉价的无机盐或氧化物为金属来源。反应中过剩的金属，通常较易回收利用。因此，金属转移方面，值得重点研究的课题是该过程的驱动力。吸附法是常用的催化剂制备方法，而形成化学键以及氧化还原的方法，则有利于进行一些创新催化剂与功能材料的设计与制备，有着广阔的应用前景。

参考文献

［1］杨华春. 晶体六氟磷酸锂生产工艺研究［J］. 无机盐工业，2014，46（8）：10－13.

［2］宋治东，蒋绿齐，易文斌. 氢氟酸盐和三价碘实现的β，γ－不饱和羧酸脱羧氟化反应［J］. 化学学报，2018，76（12）：967－971.

［3］程永浩，邹小毛，任雪玲，等. 对苯二甲酰氯合成［J］. 化学试剂，2003，25（2）：118.

［4］徐晓云，熊磊，刘峰，等. 用磺酰氯作氯化剂合成氯化丁基橡胶［J］. 合成橡胶工业，2011，34（2）：107－110.

［5］任少波，张海峰，张剑，等. N－氯代丁二酰亚胺与异腈的双氯化反应制备N－苯基二氯亚胺类化合物［J］. 有机化学，2016，36（8）：1954－1957.

［6］杜晓华，任旭康，骆大为，等. 绿色氯化技术在农药中间体合成中的应用［J］. 现代农药，2009，8（1）：24－26.

［7］方永琴. 2，6－二氯甲苯的合成［J］. 化工进展，2002，

21 (9)：656 –659.

[8] 彭祚全，黄剑锋.世界硒都恩施硒资源研究概述 ［M］.第1版.北京：清华大学出版社，2012.

[9] 俞磊，王俊，陈天，等.二苯基二硒醚催化双氧水氧化环己烯合成1，2 – 环己二醇 ［J］.有机化学，2013，33 (5)：1096 – 1099.

[10] 施友钟.西瓜酮的合成研究 ［J］.2006 年中国香精香料学术研讨会论文集，2006：183 – 186.

[11] 白卫兵，余咸旱，丁伟，等.苯酚丙酮市场及生产技术 ［J］.化工管理，2013，3 (6)：84.

[12] 徐林，黄杰军，俞磊，等.丙酮缩合法合成甲基异丁基酮的研究进展 ［J］.化学通报，2016，79 (7)：584 – 588.

[13] 徐林，王芳，黄杰军，等.异丙醇还原法制备甲基异丁基酮的研究 ［J］.有机化学，2016，36 (9)：2232 – 2235.

[14] 王芳，徐林，孙诚，等.有机硒催化苯酚选择性氧化制对苯醌的研究 ［J］.有机化学，2017，37 (8)：2115 – 2118.

[15] 俞磊.有机硒催化的最新进展 ［J］.化学教育，2016，37 (16)：1 – 4.

[16] 邵树勋，郑宝山，王名仕，等.河西走廊地区硒的环境地球化学与牲畜毒草中毒原因探讨 ［J］.矿物学报，2006，26 (4)：448 – 452.

[17] 中华人民共和国地方病与环境图集编纂委员会.中华人民共和国地方病与环境图集编 ［M］.第1 版.北京：科学出版社，

1989 年.

[18] WHAN P D, 王馨节. 硒在重金属中毒处理中的作用 [J]. 国外医学：医学地理分册, 1993 (4)：157 – 158.

[19] 李秋菊, 李长龄. Ebselen 的生物活性及机制 [J]. 中国药理学通报, 1998, 14 (4)：306 – 308.

[20] 周靖轩, 王朋, 袁春玲, 等. 依布硒啉的药理作用及临床应用的研究进展 [J]. 中国临床药理学与治疗学, 2020, 25 (2)：233 – 240.

[21] 肖颖歆, 刘秀芳. 有机硒药物的研究进展及开发应用前景 [J]. 中国现代应用药学, 1997 (5)：1 – 5.

[22] 俞磊, 徐斌, 李宏佳. 一种可见光催化降解醛类的环境催化剂及其合成方法：201911382935. X [P]. 2019 – 12 – 27.

[23] 王昌如, 王春宏, 何妙妙, 等. 含钇有机玻璃的制备与性能研究 [J]. 稀有金属, 2010, 34 (4)：568 – 573.

[24] SHIMIZU M, NAKAHARA Y. Ring – opening fluorination of epoxides using hydrofluoric acid and additives [J]. Journal of Fluorine Chemistry, 1999, 99：95 – 97.

[25] BANKS R E, BESHEESH M K, MOHIALDIN – KHAFFAF S N, et al. N – Halogeno compounds. Part 18. 1 – Alkyl – 4 – fluoro – 1, 4 – diazoniabicyclo [2. 2. 2] octane salts：user – friendly site – selective electrophilic fluorinating agents of the N – fluoroammonium class [J]. Journal of the Chemical Society – Perkin Transactions 1, 1996 (16)：2069 – 2076.

［26］YU L，QIAN R，DENG X. Calcium – catalyzed reactions of element – H bonds ［J］. Science Bulletin，2018，63（15）：1010 – 1016.

［27］LIU J，CAI Y，XIAO C，et al. Synthesis of $LiPF_6$ using CaF_2 as the fluorinating agent directly：An advanced industrial production process fully harmonious to the environments ［J］. Industrial & Engineering Chemistry Research，2019，58（44）：20491 – 20494.

［28］CHEN K M，SEMPLE J E，JOULLIE M M. Total syntheses of fungal metabolites and functionalized furanones ［J］. The Journal of Organic Chemistry，1985，50（21）：3997 – 4005.

［29］RUGGLI P，BRANDT F. Über ein neues lineares Benzo – dipicolin，das 2，6 – dimethyl – 1，5 – anthrazolin.（51. mitteilung über stickstoff – heterocyclen） ［J］. Helvetica Chimica Acta，1944，27：274 – 291.

［30］WANG F，HUANG J，YANG Y，XU L，et al. Ton – scale production of 1，4 – bis（dichloromethyl）– 2，5 – dichlorobenzene via unexpected controllable chlorination of 1，4 – dichloro – 2，5 – dimethylbenzene ［J］. Industrial & Engineering Chemistry Research，2020，59（2）：1025 – 1029.

［31］RAYMAN M P. Selenium and human health. Lancet，2012，379（9822）：1256 – 1268.

［32］SANTORO S，SANTI C，SABATINI M，et al. Eco – friendly olefin dihydroxylation catalyzed by diphenyl diselenide ［J］. Advanced

Synthesis & Catalysis, 2008, 350 (18): 2881 –2884.

[33] YU L, WANG J, CHEN T, et al. Recyclable 1, 2 – bis [3, 5 – bis (trifluoromethyl) phenyl] diselane – catalyzed oxidation of cyclohexene with H2O2: a practical access to *trans* – 1, 2 – cyclohexanediol [J]. Applied Organometallic Chemistry, 2014, 28 (8), 652 –656.

[34] YU L, WU Y, CAO H, et al. Facile synthesis of 2 – methylenecyclobutanones via Ca (OH)$_2$ – catalyzed direct condensation of cyclobutanone with aldehydes and (PhSe)$_2$ – catalyzed Baeyer – Villiger oxidation to 4 – methylenebutanolides [J]. Green Chemistry, 2014, 16 (1): 287 –293.

[35] TEN BRINK G – J, FERNANDES B C M, VAN VLIET M C A, et al. Selenium catalysed oxidations with aqueous hydrogen peroxide. Part I: epoxidation reactions in homogeneous solution [J]. Journal of the Chemical Society, Perkin Transactions 1, 2001: 224 –228.

[36] WANG T, JING X, CHEN C, et al. Organoselenium – catalyzed oxidative C = C bond cleavage: A relatively green oxidation of alkenes into carbonyl compounds with hydrogen peroxide [J]. The Journal of Organic Chemistry, 2017, 82 (18), 9342 –9349.

[37] YU L, CHEN F, DING Y. Organoselenium – catalyzed oxidative ring expansion of methylenecyclopropanes with hydrogen peroxide [J]. ChemCatChem, 2016, 8 (6): 1033 –1037.

[38] YU L, LIU M, CHEN F, et al. Heterocycles from methylenecyclopropanes [J]. Organic & Biomolecular Chemistry, 2015, 13

(31): 8379 -8392.

[39] CAO H, CHEN F, SU C, et al. Construction of carbocycles from methylenecyclopropanes [J]. Advanced Synthesis & Catalysis, 2019, 362 (6): 438 -461.

[40] BRANDI A, GOTI A. Synthesis of methylene - and alkylide-necyclopropane derivatives [J]. Chemical Reviews, 1998, 98 (2): 589 -635.

[41] STAFFORD J A, MCMURRY J E. An efficient method for the preparation of alkylidenecyclopropanes [J]. Tetrahedron Letters, 1988, 29 (21), 2531 -2534.

[42] YU L, GUO R. Recent advances on the preparation and reactivity of methylenecyclopropanes [J]. Organic Preparations and Procedures International, 2011, 43 (2): 209 -259.

[43] TROST B M. Strain and reactivity: Partners for selective synthesis [J]. Topics in Current Chemistry, 1986, 133: 3 -82.

[44] YU L, BAI Z, ZHANG X, et al. Organoselenium - catalyzed selectivity - switchable oxidation of β - ionone [J]. Catalysis Science & Technology, 2016, 6 (6): 1804 -1809.

[45] ZHANG X, YE J, YU L, et al. Organoselenium - catalyzed Baeyer - Villiger oxidation of α, β - unsaturated ketones by hydrogen peroxide to access vinyl esters [J]. Advanced Synthesis & Catalysis, 2015, 357 (5): 955 -960.

[46] YANG D, DING S, HUANG J, et al. Pd - catalysed direct

dehydrogenative carboxylation of alkenes: facile synthesis of vinyl esters [J] . Chemical Communications, 2013, 49 (12): 1211 –1213.

[47] HENDERSON W H, CHECK C T, PROUST N. Allylic oxidations of terminal olefins using a palladium thioether catalyst [J]. Organic Letters, 2010, 12 (4): 824 –827.

[48] POLADURA B, MARTÍNEZ – CASTAÑEDA A, RODRÍGUEZ – SOLLA H. General metal – free Baeyer – Villiger – type synthesis of vinyl acetates [J] . Organic Letters, 2013, 15 (11): 2810 –2813.

[49] ZHANG H, HAN M, YANG C, et al. Gram – scale preparation of dialkylideneacetones through Ca (OH)$_2$ – catalyzed Claisen – Schmidt condensation in dilute aqueous EtOH [J] . Chinese Chemical Letters, 2019, 30 (1): 263 –265.

[50] YU L, YE J, ZHANG X, et al. Recyclable (PhSe)$_2$ – catalyzed selective oxidation of isatin by H$_2$O$_2$: a practical and waste – free access to isatoic anhydride under mild and neutral conditions [J]. Catalysis Science & Technology, 2015, 5 (10): 4830 –4838.

[51] YU L, LI H, ZHANG X, et al. Organoselenium – catalyzed mild dehydration of aldoximes: an unexpected practical method for organonitrile synthesis [J] . Organic Letters, 2014, 16 (5): 1346 –1349.

[52] REICH H J. Functional group manipulation using organoselenium reagents [J] . Accounts of Chemical Research, 1979, 12 (1): 22 –30.

[53] LIOTTA D. New organoselenium methodology [J]. Accounts of Chemical Research, 1984, 17 (1): 28 – 34.

[54] ZHANG X, SUN J, DING Y, et al. Dehydration of aldoximes using PhSe (O) OH as the pre – catalyst in air [J]. Organic Letters, 2015, 17 (23): 5840 – 5842.

[55] JING X, WANG T, DING Y, et al. A scalable production of anisonitrile through organoselenium – catalyzed dehydration of anisaldoxime under solventless conditions [J]. Applied Catalysis A, General, 2017, 541: 107 – 111.

[56] COREY E J, HOPKINS P B, KIM S, et al. Total synthesis of erythromycins. 5. Total synthesis of erythronolide A [J]. Journal of the American Chemical Society, 1979, 101 (23): 7131 – 7134.

[57] WILLIAMS D G. The chemistry of essential oils: an introduction for aromatherapists, beauticians, retailers and students [M]. Dorset: Micelles Press, 2008.

[58] JING X, YUAN D, YU L. Green and practical oxidative deoximation of oximes to ketones or aldehydes with hydrogen peroxide/air by organoselenium catalysis [J]. Advanced Synthesis & Catalysis, 2017, 359 (7): 1194 – 1201.

[59] DENG X, CAO H, CHEN C, et al. Organotellurium catalysis-enabled utilization of molecular oxygen as oxidant for oxidative deoximation reactions under solvent – free conditions [J]. Science Bulletin, 2019, 64 (17): 1280 – 1284.

[60] DUDDECK H. Selenium − 77 nuclear magnetic resonance spectroscopy [J]. Progress in Nuclear Magnetic Resonance Spectroscopy, 1995, 27 (1 − 3): 1 − 323.

[61] CHEN C, ZHANG X, CAO H, et al. Iron − enabled utilization of air as the terminal oxidant leading to aerobic oxidative deoximation by organoselenium catalysis [J]. Advanced Synthesis & Catalysis, 2019, 361 (3): 603 − 610.

[62] YU L, HUANG X. Reaction of methylenecyclopropanes and diphenyl diselenide under visible − light irradiation [J]. Synlett, 2006, (13): 2136 − 2138.

[63] PRIEM C, WUTTKE A, BERDITSCH M, et al. Scaling the amphiphilic character and antimicrobial activity of gramicidin S by dihydroxylation or ketal formation [J]. The Journal of Organic Chemistry, 2017, 82 (23): 12366 − 12376.

[64] JADHAV B G, SAMANT S D. Unusual tandem oxidative C − C bond cleavage and acetalization of chalcone epoxides in the presence of iodine in methanol [J]. Synlett, 2014, 25 (11): 1591 − 1595.

[65] ZHU C, ZHANG Y, ZHAO H, et al. Sodium iodide − catalyzed direct α − alkoxylation of ketones with alcohols via oxidation of α − iodo ketone intermediates [J]. Advanced Synthesis & Catalysis, 2015, 357 (2 − 3): 331 − 338.

[66] LIU X, XU H, MA Z, et al. Cu − catalyzed aerobic oxygenation of 2 − phenoxyacetophenones to alkyloxy acetophenones [J]. RSC

Advances, 2016, 6 (32): 27126 –27129.

[67] CHEN C, CAO Z, ZHANG X, et al. Synergistic catalysis of Se and Cu for the activation of α – H of methyl ketones with molecular oxygen/alcohol to produce α – keto acetals [J]. Chinese Journal of Chemistry, 2020 (10): 1045 –1051.

[68] BUR SK, PADWA A. The Pummerer reaction: methodology and strategy for the synthesis of heterocyclic compounds [J]. Chemical Reviews, 2004, 104 (5): 2401 –2432.

[69] FELDMAN K S. Modern Pummerer – type reactions [J]. Tetrahedron, 2006, 62 (21): 5003 –5034.

[70] WANG Y, ZHU B, XU Q, et al. Synthesis of heterocycle – tethered acylbenzofurans and benzodifurans from odorless and recyclable organoseleno polystyrene resin [J]. RSC Advances, 2014, 4 (90): 49170 –49179.

[71] WANG Y, YU L, ZHU B, et al. Design and preparation of a polymer resinsupported organoselenium catalyst with industrial potential [J]. Journal of Materials Chemistry A, 2016, 4 (28): 10828 – 10833.

[72] JING X, CHEN C, DENG X, et al. Design and preparation of poly – selenides: easily fabricated and efficient organoselenium materials for heavy metal removing and recycling [J]. Applied Organometallic Chemistry, 2018, 32 (5): e4332.

[73] YU L, CAO H, ZHANG X, et al. Concise synthesis of pol-

yselenides: efficient catalysts for the oxidative cracking reaction of alkenes allowing the utilization of O_2 as a partial oxidant under mild conditions [J]. Sustainable Energy & Fuels, 2020, 4 (2): 730-736.

[74] YANG Y, FAN X, CAO H, et al. Fabrication of Se/C using carbohydrates as biomass starting materials: an efficient catalyst for regio-specific epoxidation of β - ionone with ultrahigh turnover numbers [J]. Catalysis Science & Technology, 2018, 8 (19): 5017-5023.

[75] LIU C, MAO J, ZHANG X, et al. Selenium - doped Fe_2O_3-catalyzed oxidative scission of C = C bond [J]. Catalysis Communications, 2020, 133: 105828.

[76] LIU J, LIU Y, LIU N, et al. Metal - free efficient photocatalyst for stable visible water splitting via a two - electron pathway [J]. Science, 2015, 347 (6225): 970-974.

[77] WANG Y, WANG X, ANTONIETTI M. Polymeric graphitic carbon nitride as a heterogeneous organocatalyst: from photochemistry to multipurpose catalysis to sustainable chemistry [J]. Angewandte Chemie International Edition, 2012, 51 (1): 68-89.

[78] ZHANG J, CAO K, ZHANG X, et al. Se - directed synthesis of polymeric carbon nitride with potential applications in heavy metal - containing industrial sewage treatment [J]. Applied Organometallic Chemistry, 2020, 34 (2): e5377.

[79] CAO K, DENG X, CHEN T, et al. A facile approach to constructing Pd@ PCN - Se nano - composite catalysts for selective alcohol ox-

idation reactions ［J］. Journal of Materials Chemistry A, 2019, 7 (18): 10918 – 10923.

［80］ NIU P, ZHANG L, LIU G, et al. Graphene – like carbon nitride nanosheets for improved photocatalytic activities ［J］. Advanced Functional Materials, 2012, 22 (22): 4763 – 4770.

［81］ YANG Y, LI M, CAO H, et al. Unexpected Pd/C – catalyzed room temperature and atmospheric pressure hydrogenation of 2 – methylenecyclobutanones ［J］. Molecular Catalysis, 2019 (474): 110 – 450.

［82］ XU L, HUANG J, LIU Y, et al. Design and application of the recyclable poly (l – proline – co – piperidine) catalyst for the synthesis of mesityl oxide from acetone ［J］. RSC Advances, 2015, 5 (52): 42178 – 42185.

［83］ XU L, HUANG J, ZHANG M, et al. Design and preparation of polymer resin – supported proline catalyst with industrial application potential ［J］. ChemistrySelect, 2016, 1 (9): 1933 – 1937.

［84］ XU L, WANG F, HUANG J, et al. *L* – Proline and thiourea co-catalyzed condensation of acetone ［J］. Tetrahedron, 2016, 72 (27 – 28): 4076 – 4080.

［85］ WANG F, XU L, HUANG J, et al. Practical preparation of methyl isobutyl ketone by stepwise isopropylation reaction of acetone ［J］. Molecular Catalysis, 2017, 432: 99 – 103.

［86］ WANG F, XU L, SUN C, et al. A novel Pt/C – catalyzed

transfer hydrogenation reaction of *p* – benzoquinone to produce *p* – hydroquinone using cyclohexanone as an unexpectedly effective hydrogen source [J] . Applied Organometallic Chemistry, 2018, 32 (10): 4505.

[87] HUANG D, ZHAO Y, NEWHOUSE T R. Synthesis of cyclic enones by allyl – palladium – catalyzed α, β – dehydrogenation [J]. Organic Letters, 2018, 20 (3): 684 –687.

[88] KUSUMOTO S, AKIYAMA M, NOZAKI K. Acceptorless dehydrogenation of C – C single bonds adjacent to functional groups by metal-ligand cooperation [J] . Journal of the American Chemical Society, 2013, 135 (50): 18726 – 18729.

[89] FUJISHIMA A, HONDA K, NOZAKI K. Electrochemical photolysis of water at a semiconductor electrode [J] . Nature, 1972, 238 (5358): 37 –38.

[90] DENG W, LIE J, LIANG Z, et al. Efficient solar hydrogen production by photocatalytic water splitting: From fundamental study to pilot demonstration [J] . International Journal of Hydrogen Energy, 2010, 35 (13): 7087 –7097.

[91] GALIńSKA A, WALENDZIEWSKI J. Photocatalytic water splitting over Pt – TiO$_2$ in the presence of sacrificial reagents [J] . Energy & Fuels, 2015, 19 (3): 1143 –1147.

[92] XU Y, ZHANG W. Ag/AgBr – grafted graphite – like carbon nitride with enhanced plasmonic photocatalytic activity under visible light [J] . ChemCatChem, 2013, 5 (8): 2343 –2351.

［93］FAN X, YAO Y, XU Y, et al. Visible – light – driven photo-catalytic hydrogenation of olefins using water as the H source ［J］. Chem-CatChem 2019, 11（11）: 2596 – 2599.

［94］ATZRODT J, DERDAU V, KERR W J, et al. Deuterium-and tritium-labelled compounds: applications in the life sciences ［J］. Angewandte Chemie International Edition, 2018, 57（7）: 1758 – 1784.

［95］MULLARD A. FDA approves first drug for primary progressive multiple ［J］. Nature Reviews Drug Discovery, 2017, 16: 305.

［96］KONIARCZYK J L, HESK D, OVERGARD A, et al. A gen-eral strategy for site – selective incorporation of deuterium and tritium into pyridines, diazines, and pharmaceuticals ［J］. Journal of the American Chemical Society, 2018, 140（6）: 1990 – 1993.

［97］QIU C, XU Y, FAN X, et al. Highly crystalline K – interca-lated polymeric carbon nitride for visible – light photocatalytic alkenes and alkynes deuterations ［J］. Advanced Science, 2019, 6（1）: 1801403.

［98］HARI D P, KÖNIG B. Synthetic applications of eosin Y in photoredox catalysis ［J］. Chemical Communications, 2014, 50（51）: 6688 – 6699.

［99］LUO J, ZHANG J. Donor – acceptor fluorophores for visible – light – promoted organic synthesis: photoredox/Ni dual catalytic C（sp^3）-C（sp^2）cross – coupling ［J］. ACS Catalysis, 2016, 6（2）:

873 - 877.

[100] OU W, ZOU R, HAN M, et al. Tailorable carbazolyl cya-
nobenzene – based photocatalysts for visible light – induced reduction of ar-
yl halides [J] . Chinese Chemical Letters, 2020 (7): 1899 - 1902.

[101] BORTOLI M, TORSELLO M, BICKELHAUPT F M, et
al. Role of the chalcogen (S, Se, Te) in the oxidation mechanism of the
glutathione peroxidase active site [J] . ChemPhysChem, 2017, 18
(21): 2990 - 2998.

[102] RAPPOPORT Z. The Chemistry of Organic Selenium and Tel-
lurium Compounds [M] . Volume 3. Chichester: John Wiley & Sons
Ltd, 2012.

[103] KOTAIAH Y, NAGARAJU K, HARIKRISHNA N, et
al. Synthesis, docking and evaluation of antioxidant and antimicrobial ac-
tivities of novel 1, 2, 4 – triazolo [3, 4 – b] [1, 3, 4] thiadiazol-6-
yl) selenopheno [2, 3 – d] pyrimidines [J] . European Journal of Me-
dicinal Chemistry, 2014, 75: 195 - 202.

[104] HUANG T, HOLDEN J A, HEATH D E, et
al. Engineering highly effective antimicrobial selenium nanoparticles
through control of particle size [J] . Nanoscale, 2019, 11 (31):
14937 - 14951.

[105] HUANG X, CHEN X, CHEN Q, et al. Investigation of
functional selenium nanoparticles as potent antimicrobial agents against su-
perbugs [J] . Acta Biomaterialia, 2016, 30: 397 - 407.

[106] CAO H, YANG Y, CHEN X, et al. Synthesis of selenium-doped carbon from glucose: An efficient antibacterial material against *Xcc* [J]. Chinese Chemical Letters, 2020 (7): 1887 – 1889.

[107] BECK M A. Selenium and host defence towards viruses [J]. Proceedings of the Nutrition Society, 1999, 58 (3): 707 – 711.

[108] YU L, SUN L, NAN Y, et al. Protection from H1N1 influenza virus infections in mice by supplementation with selenium: a comparison with selenium – deficient mice [J]. Biological Trace Element Research, 2011, 141 (1 – 3): 254 – 261.

[109] LIU M, LI M, YU L, et al. Visible light-promoted, iodine-catalyzed selenoalkoxylation of olefins with diselenides and alcohols in the presence of hydrogen peroxide/air oxidant: an efficient access to α-alkoxyl selenides [J]. Science China Chemistry, 2018, 61 (3): 294 – 299.

[110] LI Q S, WU D M, ZHU B C, et al. Organic selenium resin in solid phase synthesis and its application in constructing medicinally relevant small organic molecules [J]. Mini – Reviews in Medicinal Chemistry, 2013, 13 (6): 854 – 869.

[111] SINGH F V, WIRTH T. Selenium reagents as catalysts [J]. Catalysis Science & Technology, 2019, 9 (5): 1073 – 1091.

[112] NOMOTO A, HIGUCHI Y, KOBIKI Y, et al. Synthesis of selenium compounds by free radical addition based on visible – light – activated Se – Se bond cleavage [J]. Mini – Reviews in Medicinal Chemistry, 2013, 13 (6): 814 – 823.

[113] YU L, CHEN B, HUANG X. Multicomponent reactions of allenes, diaryl diselenides, and nucleophiles in the presence of iodoso-benzene diacetate: direct synthesis of 3 – functionalized – 2 – arylselenyl substituted allyl derivatives [J] . Tetrahedron Letters, 2007, 48 (6): 925 – 927.

[114] YU L, MENG J, XIA L, et al. Lewis acid catalyzed reaction of methylenecyclopropanes with 1, 2 – diphenyldiselane or 1, 2 – di-p-tolyldisulfane [J] . The Journal of Organic Chemistry, 2009, 74 (14): 5087 – 5089.

[115] YU L, REN L, YI R, et al. Iron salt, a cheap, highly efficient and environment – friendly metal catalyst for Se – Se bond cleavage and the further reaction with methylenecyclopropanes under mild conditions [J] . Journal of Organometallic Chemistry, 2011, 696 (10): 2228 – 2233.

[116] YU L, REN L, GUO R, et al. Metal triflate-catalyzed Se-Se bond cleavage and the selective additions under mild conditions [J]. Synthetic Communications, 2011, 41 (13): 1958 – 1968.

[117] LAI L L, REID D H. Synthesis of primary selenocarboxam-ides and conversion of alkyl selenocarboxamides into selenazoles [J]. Synthesis, 1993 (9): 870 – 872.

[118] ZHAO H R, RUAN M D, FAN W Q, et al. Convenient synthesis of primary selenoamides from aryl nitriles, selenium, and sodium borohydride [J]. Synthetic Communications, 1994, 24 (12):

1761 – 1765.

[119] CHU S, CAO H, CHEN T, et al. Selenium – doped carbon: An unexpected efficient solid acid catalyst for Beckmann rearrangement of ethyl 2 – (2 – aminothiazole – 4 – yl) – 2 – hydroxyiminoacetate [J]. Catalysis Communications, 2019, 129: 105730.

[120] LIU Y, LING H, CHEN C, et al. Sodium selenosulfate from sodium sulfite and selenium powder: an odorless selenylating reagent for alkyl halides to produce dialkyl diselenide catalysts [J]. Synlett, 2019, 30 (14): 1698 – 1702.

[121] CHENG Z F, TAO T T, FENG Y S, et al. Cu (II) – mediated decarboxylative trifluoromethylthiolation of α, β – unsaturated carboxylic acids [J]. The Journal of Organic Chemistry, 2018, 83 (1): 499 – 504.

[122] JIANG Q, JIA J, XU B, et al. Iron – facilitated oxidative radical decarboxylative cross – coupling between α – oxocarboxylic acids and acrylic acids: an approach to α, β – unsaturated carbonyls [J]. The Journal of Organic Chemistry, 2015, 80 (7): 3586 – 3596.

[123] CAO H, LIU M, QIAN R, et al. A cost – effective shortcut to prepare organoselenium catalysts via decarboxylative coupling of phenylacetic acid with elemental selenium [J]. Applied Organometallic Chemistry, 2019, 33 (1): 4599.

[124] YU L, WU Y, CHEN T, et al. Direct synthesis of methylene-1, 2-dichalcogenolanes via radical [3 + 2] cycloaddition of methyle-

necyclopropanes with elemental chalcogens [J]. Organic Letters, 2013, 15 (1): 144 – 147.

[125] NITTA S. Nereistoxine, a poisonous constituent of Lumbriconereis heteropoda Marenz (Eunicidae) [J]. Yakugaku Zasshi, 1934, 54 (7): 648 – 652.

[126] HASHIMOTO Y, OKAICHI T. Chemical properties of nereistoxin [J]. Annals of the New York Academy of Sciences, 1960, 90 (3): 667 – 673.

[127] KATO A, ICHIMARU M, HASHIMOTO Y, et al. Guinesine – A, – B and – C: new sulfur containing insecticidal alkaloids from cassipourea guianensis [J]. Tetrahedron Letters, 1989, 30 (28): 3671 – 3674.

[128] MITSUDERA H, UNEME H, OKADA Y, et al. Synthesis of DL – Guinesine and related – compounds [J]. Journal of Heterocyclic Chemistry, 1990, 27 (5): 1361 – 1367.

[129] UNEME H, MITSUDERA H, YAMADA J, et al. Synthesis and biological activity of 3 – and 4 – aminomethyl – 1, 2 – dithiolanes [J]. Bioscience Biotechnology and Biochemistry, 1992, 56 (8): 1293 – 1299.

[130] KOUFAKI M, KIZIRIDI C, NIKOLOUDAKI F, et al. Design and synthesis of 1, 2 – dithiolane derivatives and evaluation of their neuroprotective activity [J]. Bioorganic & Medicinal Chemistry Letters, 2007, 17 (15): 4223 – 4227.

[131] HAGIWARA H, NUMATA M, KONISHI K. Synthesis of nereistoxin and related compounds [J], Chemical & Pharmaceutical Bulletin, 1965, 13 (3): 253 – 260.

[132] KOUFAKI M, KIZIRIDI C, ALEXI X, et al. Design and synthesis of novel neuroprotective 1, 2 – dithiolane/chroman hybrids [J]. Bioorganic & Medicinal Chemistry, 2009, 17 (17): 6432 – 6441.

[133] UNEME H, MITSUDERA H, KAMIKADO T, et al. Synthesis and biological activity of 1, 2 – dithiolanes and 1, 2 – dithianes bearing a nitrogen – containing substituent [J] . Bioscience Biotechnology and Biochemistry, 1992, 56 (12): 2023 – 2033.

[134] ZHOU W, LI P, LIU J, et al. Kilogram – scale production of selenized glucose [J] . Industrial & Engineering Chemistry Research, 2020 (23): 10763 – 10767.

[135] YU L, HUANG Y, WEI Z, et al. Heck reactions catalyzed by ultrasmall and uniform Pd nanoparticles supported on polyaniline [J]. The Journal of Organic Chemistry, 2015, 80 (17): 8677 – 8683.

[136] YU L, HAN Z, DING Y. Gram – scale preparation of Pd@ PANI: A practical catalyst reagent for copper – free and ligand – free Sonogashira couplings [J] . Organic Process Research & Development, 2016, 20 (12): 2124 – 2129.

[137] YU L, HAN Z. Palladium nanoparticles on polyaniline (Pd @ PANI): A practical catalyst for Suzukicross – couplings [J]. Materi-

als Letters, 2016, 184: 312 – 314.

[138] LIU Y, TANG D, CAO K, et al. Probing the support effect at the molecular level in the polyaniline supported palladium nanoparticle-catalyzed Ullmann reaction of aryl iodides [J] . Journal of Catalysis, 2018, 360: 250 – 260.

[139] WANG Q, JING X, HAN J, et al. Design and fabrication of low – loading palladium nano particles on polyaniline (nano Pd@ PANI): An effective catalyst for Suzuki cross – coupling with high TON [J]. Materials Letters, 2018, 215: 65 – 67.

[140] ZHANG D, DENG X, ZHANG Q, et al. Design and synthesis of ruthenium nanoparticles on polyanilines (nano Ru@ PANIs) via Ru-catalyzed aerobic oxidative polymerization of anilines [J] . Materials Letters, 2019, 234: 216 – 219.

[141] CHEN Y, ZHANG Q, JING X, et al. Synthesis of Cu – doped polyaniline nanocomposites (nano Cu@ PANI) via the H_2O_2 – promoted oxidative polymerization of aniline with copper salt [J] . Materials Letters, 2019, 242: 170 – 173.

[142] DING Q, QIAN R, JING X, et al. Reaction of aniline with $KMnO_4$ to synthesize polyaniline – supported Mn nanocomposites: An unexpected heterogeneous free radical scavenger [J] . Materials Letters, 2019, 251: 222 – 225.

[143] FAN L, YI R, YU L, et al. Pd@ aluminium foil: a highly efficient and environment – friendly " tea bag" style catalyst with high

TON [J] . Catalysis Science & Technology, 2012, 2 (6): 1136 – 1139.

[144] ZHANG D, WEI Z, YU L. Easily fabricated and recyclable Pd&Cu@ Al catalyst for gram – scale phosphine – free Heck reactions with high TON [J] . Science Bulletin, 2017, 62 (19): 1325 – 1330.

[145] CHEN C, CAO K, WEI Z, et al. Design and fabrication of the Fe/Cl – doped Al foil – supported copper nano – material as the high turnover number catalyst for Suzuki coupling [J] . Materials Letters, 2018, 226: 63 – 66.

[146] CHEN C, CAO Y, WU X, et al. Energy saving and environment – friendly element – transfer reactions with industrial application potential [J] . Chinese Chemical Letters, 2020, 31 (3): 1078 – 1082.

[147] LI H, CAO H, CHEN T, et al. Selenium – incorporated polymeric carbon nitride for visible – light photocatalytic regio – specific epoxidation of β – ionone [J] . Molecular Catalysis, 2020, 483: 110715.

[148] CAO H, QIAN R, YU L. Selenium – catalyzed oxidation of alkenes: insight into the mechanisms and developing trend [J]. Catalysis Science & Technology, 2020 (10): 3113 – 3121.

致　谢

　　本书所涉及的一系列工作在江苏省优势学科项目（扬州大学——化学；扬州大学——兽医学）、江苏省"六大"人才高峰高层次人才项目（XCL－090）、江苏省自然科学基金面上项目（BK20181449）、扬州大学高端人才支持计划（拔尖人才）、国家自然科学基金青年基金项目（21202141）、江苏省企业博士集聚计划、扬州市"绿杨金凤计划"高层次人才项目、扬州市自然科学基金青年科技人才项目（YZ2014040）、扬州大学植物保护重点学科项目、植物功能基因组学教育部重点实验室开放课题（ML201904）、扬州大学实验室环保与智能装备研究所校企合作开放课题（2018SQKF01）、江苏省人兽共患病学重点实验室开放课题（R1509、R1609）、广陵学院自然科学基金（ZKZD17005、ZKZZ18001）等项目支持下完成。

　　著者感谢在本人学术成长的道路上给予关心与支持的各位老师，他们是：南京大学陆国元教授、浙江大学黄宪院士、扬州大学郭荣教授、南京大学潘毅教授、江苏扬农化工集团有限公司顾志强研究员、多伦多大学 Mark Lautens 教授、南京大学范以宁教授、九州工业大学横野照尚教授、国防大学朱成虎教授。著者还要感谢王春宏（讲师、博士）、张旭（讲师、博士）、曹洪恩（博士研究生）、陈超（博士研究生）、陈颖（博士研究生）在资料收集方面所提供的帮助。著者感谢合作企业及其团队成员在科研工作中的配合与支持，包括：天祝宏氟锂业科技发展有限公司（刘建、蔡元礼、曹斌、吴忠、罗承志、张虎、胡正昊等）、江苏扬农化工集团有限公司（丁克鸿研究员、徐林研究员、王根林博士、黄杰军、邓生财博士等）、四川硒莱坞科技有限公司（叶亮、李建军）。著者感谢扬州大学张明教授对本书的创作所提出的建议，以及对本书的出版给予的关心与支持。

俞磊

2020 年 6 月于扬州

后 记

本书对著者近二十年来从事有工业应用前景的合成化学研究成果进行了一个阶段性总结。与一般论述合成化学的著作的不同之处在于，我们从"元素转移"的角度来观察这些反应[146]。按照所涉及元素，全书分为六个主要章节，即：

氟元素转移，主要讲述我们如何突破钙化合物难溶、反应性较差的成见，提出以氟化钙为氟源直接合成六氟磷酸锂的新思路，并最终实现产业化应用的一系列工作。在该领域中许多其他高端含氟锂盐的合成，都可以采用氟转移方法来实现。例如，二氟磷酸锂（$LiPO_2F_2$）作为经济附加值更高的高端含氟锂盐，可以由六氟磷酸锂为原料通过"氟-氧交换"技术来合成，而其中选择恰当的氟转移试剂，并妥善处理因此产生的副产物，则是这类技术开发的关键。我们研究团队目前正在进行这方面的研究工作。

氯元素转移所论述的就是选择性氯化反应。虽然氯化反应是化工生产中常见的合成工序，但对反应进行精密的理论计算，并通过控制反应条件来实现高选择性的氯化，仍然是工业合成领域的前沿研究课题之一。此外，很多以氯气为氯源的氯化反应的原子利用率并不高。在氯取代反应中，有一半氯会被转化为低价氯，即最终以盐酸形式生成副产物，而盐酸价格低廉，较难处理。因此，开发从新氯源中转移氯的绿色合成反应，有着广阔的工业应用前景。例如，直接以廉价易得的盐酸为原料，通过催化氧化方法，实现氯化。这些也是我们团队所关注的重点研究课题。

氧元素转移主要介绍了一系列硒催化氧化反应。硒元素的独特性能，使其可以作为氧转移催化剂，将氧元素从氧源中搬运至产物，而合成一系列高经济附加值化工中间体。通过长期研究，我们对硒催化反应的选择性控制以及固载硒催化剂的设计合成，已经有较深刻的理解，并提出了相关的基础理论指导后续研究。另一方面，硒催化氧化反应中，氧源的选择也逐渐由过氧化氢发展到更加安全、廉价的氧气、空气，而以可见光为驱动力的硒催化氧化反应最近也有文献报道[147]。在均相硒催化剂基础上，开发相关成本低廉、易回收并且高效的非均相硒催化剂，最终实现固定床催化反应，是相关技术走向工业化应用的必经之路，因而值得进一步地深入研究[148]。

在氢元素转移反应中以氢气为氢源的传统氢化反应虽然原子经济性较高，但由于氢气易燃易爆的性能，相关反应在工业化应用时有一定的安全风险。随着水光解产氢研究的兴起，合成化学家们开始将这一技术应用于氢元素转移反应中，从而开发出以水为氢源的更加安全的氢化技术。此外，这类技术还可以应用于含氘化合物的合成，而以氘水作为氘源不仅有着廉价优势，也更加方便于保存与运输。

　　通过硒元素转移，可以实现一系列含硒化合物的合成。硒化合物在有机合成、材料科学、生物、医药、化工等方面被广泛应用，有着充足的发展空间。著者结合扬州大学的学科特色，更加重视硒化合物在农业方面的应用，阶段性研究已经发现，含硒材料可抑制甘蓝黑腐菌，从而有望在此基础上开发相关植物病菌的杀菌剂[106]。不断增长的市场需求对硒化合物（或材料）的合成技术要求与日俱增，而开发更加精准的硒转移方法，减少废弃物排放，是实现相关含硒产品产业化应用的关键技术。

　　金属元素转移与上述氟、氯、氧、氢、硒等元素转移反应都不相同，主要应用于金属催化剂及功能材料制备。这部分内容的核心技术就是反应驱动力的选择。除了传统的吸附方法外，形成金属化学键以及氧化还原法也是转移金属的高效手段，被广泛应用于新催化材料的制备中。

　　总之，以元素转移为核心的化学反应在工业合成领域占据了非常重要的位置，而选择恰当的元素来源与反应驱动力，并妥善处理反应副产物，实现节能减排，是现代工业合成技术的基本需求，也是开发相关工艺路线时所必须考虑的重点问题。本书结合著者科研实践，围绕涉及氟、氯、氧、氢以及硒元素转移的反应，展开论述，希望对读者从事相关行业工作时，能有所帮助。